LES

FOUGÈRES

IMPRIMERIE GÉNÉRALE DE CH. LAHURE
Rue de Fleurus, 9, à Paris

Les Fougères — Paysage de la Colombie, par M. Poteau. — Pl. I.

LES
FOUGÈRES

CHOIX DES ESPÈCES
LES PLUS REMARQUABLES

POUR LA DÉCORATION DES SERRES, PARCS, JARDINS ET SALONS

PRÉCÉDÉ

DE LEUR HISTOIRE BOTANIQUE & HORTICOLE

PAR

MM. AUG. RIVIÈRE, Jardinier en chef du Luxembourg
E. ANDRÉ, Jardinier principal de la ville de Paris
E. ROZE, Vice-Secrétaire de la Société botanique de France

OUVRAGE ORNÉ DE 75 PLANCHES EN CHROMO-LITHOGRAPHIE ET DE 112 GRAVURES SUR BOIS
DESSINÉES PAR MM. RIOCREUX, FAGUET, POTEAU ET YAN' DARGENT

PUBLIÉ

SOUS LA DIRECTION DE J. ROTHSCHILD

PARIS
J. ROTHSCHILD, ÉDITEUR
LIBRAIRE DE LA SOCIÉTÉ BOTANIQUE DE FRANCE
43, RUE SAINT-ANDRÉ-DES-ARTS, 43

1867

A

M. ADOLPHE BRONGNIART

Membre de l'Institut, Professeur de botanique au Muséum d'histoire naturelle, Président de la Société impériale et centrale d'horticulture de Paris, Commandeur de la Légion d'honneur, etc., etc.

Monsieur,

Permettez-moi de placer sous votre haut patronage une publication destinée à répandre le goût des Fougères que vous avez tant contribué à faire connaître au monde savant. En effet, Monsieur, non-seulement vous avez porté le flambeau de la science sur celles qui gisent dans les entrailles de la terre, mais vous avez encore soumis aux lois de la méthode la plus rigoureuse celles qui se perpétuent parmi nous. J'ai le très-vif espoir, en inscrivant votre nom en tête de cet ouvrage, que LES FOUGÈRES *vous devront davantage encore, car en s'introduisant dans nos jardins, elles ne peuvent avoir un plus puissant appui que le vôtre.*

Veuillez agréer, Monsieur, l'hommage du plus profond respect de votre très-humble et très-obéissant serviteur,

J. ROTHSCHILD.

AVANT-PROPOS.

L'ouvrage que nous avons l'honneur de présenter aujourd'hui au public, est édité sous l'inspiration bienveillante de M. Decaisne, le savant professeur du Muséum, et a pour but de répandre le goût des Fougères, trop peu connues jusqu'ici et pourtant si dignes d'attirer l'attention du monde horticole.

Depuis que la mode s'est prononcée en faveur des plantes qui se recommandent non-seulement par le brillant coloris de leurs fleurs, mais par la beauté de leur feuillage, il est permis d'espérer que, loin de s'en tenir au seul charme des panachures, les véritables amateurs sauront discerner des agréments tout nouveaux dans les végétaux qui font le sujet de cette publication.

En effet, l'élégance, la délicatesse, la diversité infinie de formes et l'étrangeté des Fougères les ont fait introduire en Belgique, en Angleterre et en Allemagne, au même titre que les plantes enrichies des plus brillantes couleurs.

Dans le but d'éviter l'embarras dans leur choix, nous avons rompu tout ordre systématique et rassemblé artificiellement les espèces en trois groupes, d'après la température qu'exige leur entretien. Ce classement permettra de se rendre facilement compte des soins spéciaux qu'elles peuvent nécessiter. Quant aux espèces elles-mêmes, nous les avons combinées de façon à représenter à la fois la multiplicité des types et leur rusticité.

Enfin, pour que rien ne manque à notre ouvrage, nous l'avons enrichi des dessins les plus variés.

Si notre publication obtient le succès que nous espérons, nous

nous plaisons à reconnaître que nous le devons à nos collaborateurs.

Qu'il nous soit donc permis de témoigner ici l'expression de notre reconnaissance à M. Rivière, qui a mis à notre disposition des connaissances acquises par une pratique de plus de trente années dans la culture des fougères; à M. André, qui a rendu par un tableau brillant leur effet ornemental dans la nature et leur emploi pittoresque dans les parcs et les jardins; à M. Roze, qui a su exposer avec clarté les secrets de leur multiplication.

Nous ne terminerons pas non plus sans exprimer notre gratitude aux artistes, MM. Riocreux, Faguet, Poteau, dont le crayon a jeté un nouveau charme sur notre sujet.

Puisse la faveur qui a accueilli notre publication sur *les Plantes à feuillage coloré* (dont nous préparons un second volume en ce moment) s'étendre également à ce nouvel ouvrage, et le faire non moins dignement apprécier.

J. ROTHSCHILD.

HISTOIRE ORNEMENTALE

DES

FOUGÈRES

LES FOUGÈRES

ET

LEUR EFFET ORNEMENTAL

DANS LA NATURE

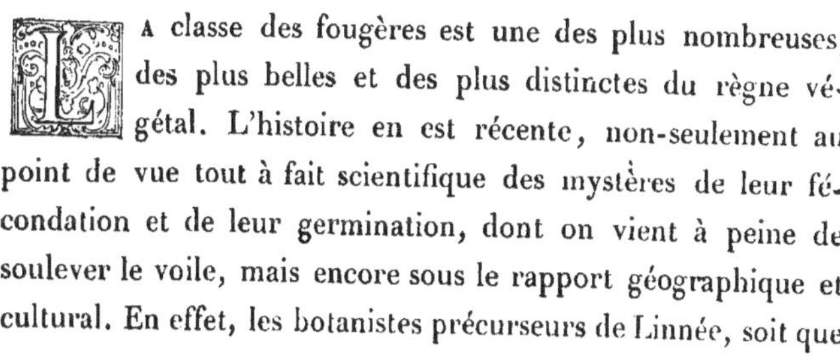

La classe des fougères est une des plus nombreuses, des plus belles et des plus distinctes du règne végétal. L'histoire en est récente, non-seulement au point de vue tout à fait scientifique des mystères de leur fécondation et de leur germination, dont on vient à peine de soulever le voile, mais encore sous le rapport géographique et cultural. En effet, les botanistes précurseurs de Linnée, soit que l'étude difficile de ces plantes singulières les arrêtât, soit que les espèces alors connues fussent trop peu nombreuses, avaient à peine parlé des fougères. Le *Species plantarum* n'en mentionne que 200. Peu d'années après, Gmelin en décrivait plus de 400 espèces, mais Linnée et lui n'avaient pu asseoir encore sur des bases solides les caractères des principales divisions de la famille, eu égard au petit nombre de matériaux mis à leur disposition.

C'est à Smith, botaniste anglais, qu'il faut arriver pour trouver les règles d'une classification sérieusement élaborée. Un peu plus tard, d'après ces prémisses et sur de nouvelles données qu'il avait recueillies, Swartz, en 1806, publia le premier *Synopsis* des fougères. Il embrassait plus de 700 espèces décrites et 23 figurées, lequel nombre fut bientôt porté à 1000 par Willdenow, et dépassé rapidement par les auteurs qui suivirent jusqu'aux Hooker, Greville, Kunze, Moore, Lowe, Fée et autres descripteurs modernes.

Aujourd'hui, nous avons, conservées dans nos herbiers, ou décrites dans cent ouvrages divers, plus de *trois mille* fougères connues. Et nous ne comptons pas dans ce nombre 250 espèces fossiles dont MM. Brongniart, Unger, Goeppert et autres savants paléontologistes ont recueilli les fragments et rétabli l'histoire antédiluvienne.

Les fougères ne forment pas seulement une tribu des plus nettement déterminées dans le grand embranchement des acotylédonées dont elles font partie ; elles sont encore des plus reconnaissables à leur seul *facies* parmi toutes les autres familles ; elles impriment à la végétation des contrées où elles abondent, le sceau d'une élégance et d'un charme remarquables. Qu'elles s'élancent majestueusement dans les airs, couronnées de leurs panaches légers, de leurs frondes géantes découpées comme des réseaux de fine dentelle, ou qu'elles rampent humblement dans nos bois, le long des buissons, sous les rochers stériles, entre les fissures des cavernes humides ; qu'elles se suspendent en gracieux festons aux arbres du Brésil ou de Java ; qu'elles tapissent nos murailles ou qu'elles s'élèvent dans nos tourbières avec leur fructification brune et dorée, partout elles offrent cette contexture fine et charmante et cette distinction suprême des formes qui les placent au premier rang dans les paysages de la nature et dans le jardinage d'ornement.

Humbles dans leurs dimensions ou grandioses dans leur stature, elles offrent à l'observateur attentif des caractères d'ensemble toujours identiques. Leurs racines, au lieu d'être pivotantes et ramifiées, sont fibreuses et peu durables. Elles se détruisent et se succèdent perpétuellement sur la souche ou rhizome qui les porte et qu'elles prolongent, que ce rhizome soit enfoui ou rampe sur le sol ou qu'il s'élève sous forme de tige. Un autre caractère non moins saillant et qu'on retrouve dans toutes les espèces, moins les *Botrychium* et les *Ophioglossum*, est la disposition des feuilles ou *frondes* dans l'état qui précède leur évolution, nommée, en botanique, *préfoliation*. Ces frondes sont recourbées sur elles-mêmes en crosse et se déroulent successivement de bas en haut.

Le feuillage des fougères affecte diverses formes. Il est parfois simple, entier, comme dans l'*Asplenium nidus*, les Scolopendres, l'*Hymenodium crinitum* (pl. XXXIII) et plusieurs *Polypodium*, parfois découpé longitudinalement et irrégulièrement comme certains *Platycerium* et *Acrostichum*. Tantôt ce sont de vastes éventails pennés qui atteignent 5 et 6^{m} de longueur, comme le *Cibotium princeps*, tantôt l'on voit à peine quelques lobules linéaires, dans l'*Asplenium Septentrionale*, acquérir 0^{m},05 ou 0^{m},06 au-dessus du sol. La plupart se découpent en lobes principaux, surlobés eux-mêmes, et supportés par un pétiole ou nervure médiane plus ou moins longue, dont les nervures, subdivisées à l'infini, sont en connexion parfaite avec les organes de la fructification.

Leur couleur dominante est le vert, une verdure ordinairement uniforme pour chaque plante, sombre ou pâle, luisante ou mate, en général d'une pureté et d'une délicatesse de tons extrêmes. Très-peu d'entre elles offrent des couleurs variées; cependant on en voit qui sont pourvues d'écailles brunes sur les pétioles, ou de parties plus ou moins scarieuses qui simulent des feuilles mortes. D'autres, d'introduction assez récente, ont le feuillage panaché ou diversement coloré. Bon nombre d'espèces tropicales affectent une couleur pourpre sur leurs jeunes frondes non encore développées : on peut l'observer notamment sur le *Blechnum Brasiliense* et l'*Adiantum macrophyllum*.

Les *sporanges* ou organes fructificateurs, supportés par les frondes, sont disposés de façons très-variables et concourent eux-mêmes, pour une part importante, à l'effet ornemental de la plante. D'ordinaire, ils sont placés sous les feuilles et représentent des séries régulières de globules pulvérulents jaunes, roux ou orangés. D'autres fois, ils couvrent toute la surface des feuilles dessus et dessous et leur prêtent un aspect bizarre. Parfois ils forment au sommet des pétioles un épi ou panicule d'une grande élégance, comme dans les Osmondes.

Dans plusieurs *Gymnogramma*, *Nothochlæna*, *Cheilanthes*, la face inférieure est entièrement chargée d'une poussière d'or ou d'argent excessivement ténue, produit d'une sécrétion particulière, étrangère à la fructification. — On peut imprimer avec une pureté parfaite les contours du feuillage, en appuyant fortement le dessous de leurs frondes sur une étoffe noire où cette poussière se dépose.

Distribution spontanée des fougères. — La répartition des fougères sur le globe est très-variable ; c'est un point de la géographie botanique qui reste encore à élaborer. En général, ces plantes préfèrent les endroits sombres et humides, aux lieux secs et vivement éclairés. Même dans nos contrées, pour un Cétérach ou un Polypode que nous rencontrons sur les vieux murs ensoleillés, nous trouverons vingt espèces sous bois, le long des ruisseaux et des buissons au nord. Toute proportion gardée, la même loi de distribution se reproduit dans les contrées plus chaudes. Sous les tropiques, à l'exception de quelques espèces arborescentes, la pléïade des fougères vit à l'ombre épaisse des grandes forêts.

Il est tout naturel qu'avec un tempérament général de cette sorte, la topographie des fougères varie avec l'état thermométrique et hygrométrique des différents climats.

Leur quartier général se trouve dans les forêts humides des îles tropicales. C'est là qu'elles prennent ces dimensions géantes qui les font rivales des palmiers, ces *princes du règne végétal*, comme disait le grand législateur de la botanique. C'est là que sur leurs stipes ou tiges moussues et fibreuses, d'autres petites fougères se développent à leur tour, vivant de la propre vie de ces protecteurs inespérés. Leurs proportions dans la masse des plantes phanérogames de la zone torride, par exemple dans les îles humides de la Sonde et de la Jamaïque, est de un tiers environ. Dans la région tropicale, elles descendent de 1 à 20, et dans les parties plus tempérées, elles ne dépassent pas 1 pour 60 plantes fleurissantes. On conçoit que, à latitudes égales, l'humidité plus ou moins grande d'un climat influera d'une manière capitale sur ces proportions. Ainsi, dans les parties brûlées de l'Afrique, dans le Sahara et le désert égyptien, on ne trouve pas une fougère pour 800 autres espèces, tandis qu'en Angleterre, la proportion est de 1 pour 35, et en Écosse de 1 pour 31. Cela est dû au ciel brumeux et humide de la Grande-Bretagne; en France, où nous n'avons déjà plus la même in-

Fig. 3. Platycerium Stemaria.

fluence des rivages maritimes d'une façon aussi générale, nous ne pouvons compter qu'une fougère pour 63 plantes phanérogames, et encore faut-il chercher leurs stations principales dans les provinces de notre pays qui, comme le Morvan, la Creuse et le Limousin, sont constamment fraîches et couvertes.

Les fougères fossiles. — Les conditions de chaleur et d'humidité ont dû bien changer dans nosclimats européens, depuis les époques géologiques qui nous ont livré les secrets de leur faune et de leur flore. Il paraît démontré que la végétation dominante des époques anciennes du globe était composée de

Fig. 1. Inflorescence paniculée de l'Osmunda Claytoniana.

plantes géantes dont la majorité appartenait aux Cycadées, aux Conifères, aux Équisétacées et aux fougères arborescentes. Ces dernières ont dû y jouer un rôle immense. Au lieu de 70 ou 80 espèces vivantes que possède aujourd'hui l'Europe, plus de 250 fougères fossiles appartiennent aux terrains carbonifères de cette partie du monde. De nombreux genres, dont la classification a été basée sur les caractères analogues de nos types actuels, renferment des espèces qui ont dû atteindre des dimensions considérables. Le seul genre *Pecopteris* contient plus de 150 espèces dont la majorité se rencontre dans le terrain houillier, le liais et les formations oolithiques. Environ 70 *Sphenopteris* sont particuliers à la période carbonifère. Parmi les genres les plus nombreux, on peut citer les *Nevropteris* (fig. 5), *Lonchopteris*, *Phebopteris* et *Caulopteris*, dont les caractères, nettement tranchés, ne laissent pas de doutes sur la place importante qu'ils doivent occuper dans la classification botanique.

Plusieurs de ces formes sont aujourd'hui perdues ; pour d'autres, il faut aller chercher leurs analogues dans les régions humides des tropiques ou de l'Australie, ce continent que certains naturalistes croient appartenir, dans sa formation actuelle, aux périodes antédiluviennes de la terre.

Division de tailles. — On pourrait grouper les fougères, à ne considérer que leur effet pittoresque et ornemental dans la nature, en trois grandes divisions : les *arborescentes*, les *buissonnantes* et les *herbacées*.

Les fougères en arbre. — Les fougères arborescentes ont, dans leurs contrées natales, une grande influence sur la physionomie du paysage. Comme l'a bien dit Meyen, « elles ajoutent à la noblesse des palmiers la délicatesse des plus aimables fougères (*lower ferns*), et elles arrivent ainsi à une beauté extraordinaire. » Dans la zone torride, on les voit atteindre jusqu'à 50 pieds de hauteur, jetant dans les airs leur gigantesque panache de feuilles empennées, recourbées en arcades, et si délicates que la moindre brise les soulève et se joue dans leurs ondes verdoyantes. Les anciens avaient été frappés de cette forme de feuillage, semblable aux plumes des oiseaux, et ils avaient appelé les fougères *Pteris* (aile) en souvenir de cette disposition.

Dans les vallées ombragées de la Tasmanie, le *Dicksonia Antarctica* élève ses dômes de verdure comme autant de palmiers épais et trapus; il se dresse dans sa teinte sombre, de distance en distance, comme la sentinelle perdue des végétations de l'ancien monde. Dans l'Australie et la Nouvelle-Zélande, les *Cyathea Smithii*, *medullaris* et *dealbata*, plus humbles en leur taille, se marient aux *Lomaria*, aux *Dicksonia squarrosa* (fig. 9) et autres espèces qui tranchent vigoureusement sur les *Eucalyptus* et les grandes Protéacées, par les nuances vert-pralin, bleues, glauques ou argentées de leur feuillage.

A l'île Bourbon, c'est une des plus grandes espèces, le *Cyathea excelsa*, qui représente les fougères en arbre.

Deux autres plantes du même genre, les *Cyathea regalis* et *Cyathea ebenina*, l'une des Indes occidentales et l'autre du Guatemala, ne le cèdent guère en beauté aux précédentes.

Les nombreux *Marattia* de la Jamaïque, les *Lomaria* de Maurice et des Antilles, les *Blechnum* et les *Diplazium* du Brésil, les *Dicksonia* de Sainte-Hélène, les *Alsophila, Hemitelia, Losophoria* du Pérou et du Venezuela, rentrent encore dans la grande catégorie des arbres-fougères, et partout dépassent la végétation environnante par l'élégance de leur feuillage.

Le Mexique n'a pas beaucoup de fougères en arbre; mais il possède, comme compensation, des espèces, les *Cibotium princeps* et *Schiedei*, dont le mérite ornemental surpasse toutes les autres peut-être. D'une tige peu élevée s'échappent avec une vigueur, nous pourrions dire avec une impétuosité sans pareille, d'immenses frondes écailleuses, roulées d'abord jusqu'à une grande hauteur comme une crosse d'évêque, dont elles ont les dimensions. Étalées et développées dans leur position normale, elles acquièrent 6^{m} et plus de longueur et présentent à l'œil rempli d'admiration un spectacle impossible à rencontrer dans d'autres végétaux.

Il en est à peu près de même à Java, où, à côté de l'*Alsophila contaminans* et quelques autres espèces de Cyathéacées, on ne trouve guère, parmi les grandes fougères, que des *Angiopteris;* mais les nombreuses espèces de ce beau genre revêtent là les dimensions que nous avons citées tout à l'heure à propos des *Cibotium* du Mexique. On peut voir les *Angiopteris evecta*, *pruinosa*, *hypoleuca*, *angustata*, *Hugelii*, sortir vigoureuses des écailles énormes qui protégent leurs souches et forment la base des pétioles. Leurs frondes épaisses à *pinnules* larges, vert-foncé, glabres et luisantes, ne sont point plumeuses, veloutées et douces d'aspect comme leurs pareilles de Madagascar et du Brésil; elles deviennent ici rudes et sauvages comme les sombres et éternelles forêts où elles croissent et que la hache de l'homme n'a point encore entamées.

Comme dans la figure ci-jointe (fig. 6), les fougères en arbres forment parfois des paysages spéciaux dans les îles des mers de l'Inde. Les grands arbres y sont représentés par les *Alsophila*, auxquels se suspendent des *Gleichenia* grimpants; les rochers sont pleins d'*Asplenium* et de *Platycerium* aux lobes étranges, tandis qu'au pied des *Pandanus* aux longues feuilles en épées retombantes, croît toute la peuplade élégante des fougères herbacées.

Dans les situations qui leur sont assignées pour domaines, les fougères s'emparent des terrains de nouvelle formation; avec les mousses et les graminées, elles en sont les premiers habitants. Sous l'ombre des grands arbres, privées de la lumière et de la chaleur que le soleil déverse sur les plantes de la plaine ou des montagnes, elles forment une colonie à part, d'une beauté particulière, en harmonie avec les lieux qu'elles occupent. Elles n'ont ni l'éclat ni le parfum des fleurs; mais, dans cet asile obscur des grands bois, elles s'accordent bien avec la majesté et le mystère répandus dans leur entourage.

Chaque chose a sa vraie place dans la distribution que Dieu a

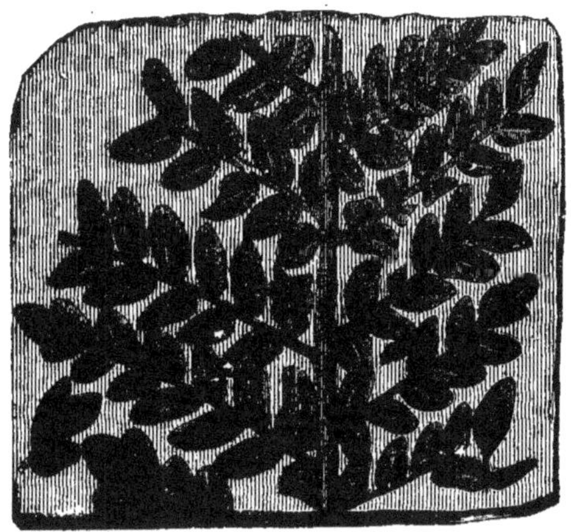

Fig. 5. Nevropteris heterophylla (Fougère fossile du terrain carbonifère).

faite des formes végétales sur la terre : aux prairies, l'émail de leurs milliers de fleurs; aux montagnes et aux rochers, les plantes rampantes et sarmenteuses; à l'ombre des forêts, les fougères.

Ce rôle magnifique d'une classe dite inférieure par les botanistes, mais supérieure par l'élégance et le pittoresque, le grand naturaliste Alexandre de Humboldt l'a décrit, de son style impérissable, dans ses *Tableaux de la nature :*

« La forme des fougères, dit-il, ne s'ennoblit pas moins que celle des graminées dans les contrées chaudes de la terre. Les fougères arborescentes, souvent hautes de 35 pieds, ressemblent à des palmiers ; mais leur tronc est moins élancé, plus raccourci et moins raboteux ; leur feuillage plus délicat, d'une contexture plus lâche, est transparent, légèrement dentelé sur les bords. Ces fougères gigantesques sont, pour la plupart, indigènes de la zone torride ; mais elles préfèrent, à l'extrême chaleur, un climat moins ardent. L'abaissement de la température étant une conséquence de l'élévation du sol, on peut considérer comme le séjour principal de ces fougères les montagnes élevées de 2 à 3000 pieds au-dessus du niveau de la mer. Les fougères à haute tige accompagnent, dans l'Amérique méridionale, le quinquina, cet arbre bienfaisant dont l'écorce guérit la fièvre. La présence de ces deux végétaux indique l'heureuse région où règne continuellement la douceur du printemps. Elles se trouvent dans l'hémisphère boréal, jusque sous le 33ᵉ parallèle et dans l'hémisphère austral jusque sous le 42ᵉ. Il est singulier que dans les deux hémisphères ce soient les *Dicksonia* qui s'éloignent le plus de l'équateur. L'un, le *Dicksonia culcita*, se trouve à Madère ; et l'autre, le *Dicksonia Antarctica*, dont les tiges ont 18 pieds de haut, à la Nouvelle-Zélande, dans l'île Van Diémen. »

Les fougères buissonneuses. — Si, des fougères arborescentes dont on connaît maintenant plus d'une centaine, sur lesquelles 78 sont introduites dans nos serres, nous descendons aux tribus des buissonneuses et des herbacées, qui se touchent par de nombreux points de ressemblance, nous trouverons les espèces qui forment la grande majorité du genre.

Les buissonneuses, dont les tiges courtes sont surmontées par des frondes touffues, se trouvent plus abondamment sous les tropiques que sous l'équateur, et leurs stations préférées sont le pied des montagnes, jusqu'à 2000 ou 3000 pieds d'altitude. M. Colenso en a décrit d'admirables espèces indigènes dans les îles des mers du Sud. Plusieurs *Blechnum*, des *Lomaria*, des *Dicksonia* dont la taille ne dépasse pas 1^{m}, en sont les représentants ordinaires.

Les fougères herbacées. — La tribu des fougères herbacées proprement dites est disséminée sur toute la terre sans qu'on puisse rattacher leur distribution à un ordre particulier. Cependant leur aspect général dans le paysage diffère considérablement, soit qu'on envisage les espèces tropicales ou celles de nos climats tempérés.

Espèces tropicales. — Dans les régions chaudes, elles sont le plus souvent parasites, tourmentées, grimpantes, diversement déchirées, étranges; leurs coloris diffèrent autant que leurs formes, et partout leur végétation accuse une exubérance de vie et une luxuriance remarquables.

« Sous les tropiques et sous l'équateur, dit M. Fée, les fougères varient leurs formes à l'infini et se trouvent partout. Les arbres en sont chargés; elles pullulent dans les mousses, pendent du haut des rochers, se montrent dans tous les terrains, tantôt dilatées en frondes membraneuses, tantôt finement et élégamment découpées, souvent pellucides et d'une légèreté comparable à des plumes d'oiseau. Non-seulement elles végètent pour produire des spores, mais telle est la puissance de leur développement, qu'elles se chargent de racines et de bourgeons adventifs, parfois même de bulbilles; cette viviparité fréquente n'a pas lieu pour les fougères européennes. En présence de toutes ces particularités, il est facile de reconnaître que nous n'avons que les enfants perdus de cette belle famille et que son centre est ailleurs. »

Fig. 6. Paysage de fougères dans les îles des mers de l'Inde.

ESPÈCES EUROPÉENNES. — Nos fougères européennes et leurs espèces correspondantes de l'Asie et de l'Amérique septentrionales, pour être moins nombreuses, n'en impriment pas moins un cachet tout spécial à la végétation.

Toutes sont herbacées et relativement de petite taille, bien que notre fougère commune, la fougère à l'aigle (*Pteris aquilina*), atteigne dans nos bois fertiles et dans le sud de l'Angleterre 8 ou 10 pieds de haut. Un certain nombre d'entre elles, et surtout l'espèce dont nous venons de parler, vivent en compagnie et envahissent d'immenses terrains qu'elles épuisent, au grand désespoir des cultivateurs. Les contrées montueuses et granitiques

Fig. 7. Surtout de table surmonté d'une fougère herbacée.

en sont généralement pourvues et, quelle que soit la délicate silhouette de leur feuillage, elles portent avec elles un air de tristesse en rapport avec la pauvreté du pays d'alentour.

D'autres, au contraire, sont toute grâce et tout agrément. On les rencontre souvent par touffes isolées, ici régulières et nobles comme la fougère d'Allemagne, là délicates et ravissantes comme l'Adiante cheveux de Vénus, qui tapisse de ses touffes légères, dans les Pyrénées, les fissures arrosées par les eaux thermales. Sur nos murs de Touraine, sur les schistes de l'Anjou, la Doradille céterach s'étale en rosettes vertes et brunes, laineuses et ondulées; les *Aspidium* de nos buissons, la fougère mâle et la fougère femelle, sont aussi jolies dans leur humble taille que leurs congénères équatoriales. Dans les tourbières, sur les *Sphagnum* et parmi les bruyères des terrains humides, la Fougère royale (*Osmunda regalis*) se dresse majestueusement autour des *Drosera*, des Parnassies, de toute la flore bizarre des marais mouvants. Elle ne le cède à aucune autre espèce pour l'élégance et la beauté; elle a même attiré la superstition dans nos campagnes, et le temps n'est pas loin où l'on allait encore couper la *Fougère fleurie* (c'est aussi son nom) en grande pompe, à minuit, pour en fabriquer un baume aux vertus imaginaires.

La petite tribu des *Asplenium*, qui renferme le Capillaire, la Rue des murailles et toutes ces miniatures si finement découpées, s'implante dans les moindres anfractuosités, développe ses grâces légères à l'ombre épaisse des buissons, pendant que nos grottes humides des montagnes et les murailles de nos puits abritent les vigoureuses frondes vertes et luisantes de la Scolopendre officinale.

Les fougères ont même leurs légendes et leurs phénomènes : on en peut trouver une preuve dans ces espèces boréales, inférieures en nombre et en beauté à leurs sœurs des tropiques. Dans les plaines de la Tartarie et de la Scythie, croît une espèce singulière, appelée le *Barometz* ou *Boranez* dans ces contrées, et que les botanistes nomment *Cibotium barometz*. Figurez-vous une souche brune, couverte de poils rudes ou de laine grossière, grosse comme un agneau et surmontée par des frondes dont les pétioles dénudés simulent, en hiver, si on les retourne sens dessus dessous, les pattes d'un animal. Leur ressemblance avec celles d'un agneau a été signalée dans les récits de nombreux voyageurs qui ont débité là-dessus des contes absurdes. « On rencontre parfois, disait l'un d'eux, sur les plaines salées, élevées, incultes, immenses, situées à l'ouest du Volga, une merveilleuse plante, velue comme un animal, ayant tête, jambes et queue distinctes. Cet animal-plante pousse de trois pieds de haut, soutenu au milieu par une sorte de nombril prolongé; il se tourne et se baisse vers l'herbe qui sert à sa nourriture, et quand celle-ci manque, il sèche et meurt. »

Il ne faut voir dans ces fables inspirées par une observation superficielle et le besoin de merveilleux propre à beaucoup de voyageurs, que le fonds réel qui leur a donné naissance. La souche du *Cibotium barometz* est en effet arrondie, brun-foncé et laineuse comme un animal; elle offre un intérêt assez grand par cette bizarrerie, pour que l'on s'explique le rôle fantastique que les peuples de Scythie lui ont prêté dans leurs déserts glacés.

Donc, à tous les points de vue, beauté, noblesse de port, délicatesse ou bizarrerie des formes, aspect pittoresque, distribution sur le globe, côté légendaire, les fougères constituent un des groupes les plus intéressants à étudier dans le grand livre de la nature infinie. Elles ont même un autre avantage, précieux entre tous, l'utilité. A combien d'emplois divers n'emploie-t-on pas leurs fibres dans les différentes régions du globe? Il nous faudrait raconter les préparations que subit la Fougère à l'aigle (*Pteris aquilina*) pour fournir des alcalis par l'incinération de ses pétioles, les huiles diverses qu'on retire de plusieurs espèces, les tissus remarquables formés avec les fibres d'un grand nombre parmi les fougères tropicales, le pain grossier que l'on fabrique avec certaines autres, l'usage de la fougère mâle pour les maladies d'entrailles, de l'*Adiantum pedatum*, d'Amérique, pour la fabrication du sirop de capillaire, de l'*Aspidium fragrans* comme succédané du thé; les substances aromatiques que l'on retire du *Polypodium phymatodes* et de l'*Angiopteris evecta* pour parfumer l'huile de noix de coco des îles de la mer du Sud, etc., etc.

Que serait-ce donc encore si nous pénétrions dans les arcanes mystérieux de leur côté botanique? L'observateur attentif et ami des phénomènes cachés au vulgaire, privilége des chercheurs et récompense des patientes études, y ferait des découvertes d'un intérêt bien rare. Mais la tâche est remplie dans ce volume par un de nos savants confrères. Ne dépassons pas les limites de nos domaines, et envisageons maintenant la généralité des fougères dans l'horticulture.

Ed. ANDRÉ.

LES FOUGÈRES

AU POINT DE VUE HORTICOLE

LES FOUGÈRES

AU POINT DE VUE HORTICOLE

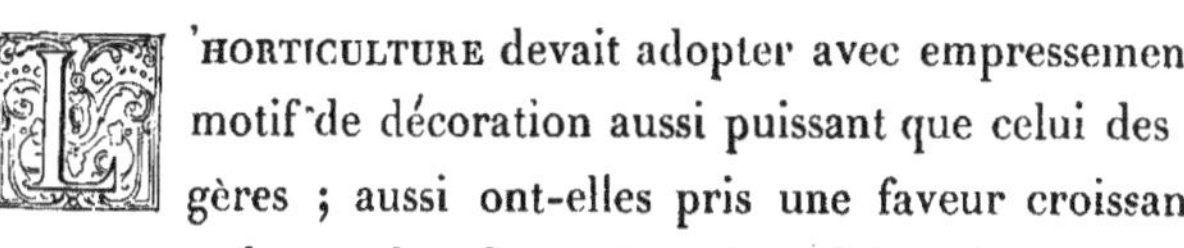

L'HORTICULTURE devait adopter avec empressement un motif de décoration aussi puissant que celui des fougères ; aussi ont-elles pris une faveur croissante à mesure que le nombre des espèces introduites s'est augmenté. Les espèces boréales furent réunies dans une partie du jardin que les Anglais appellent *fernery*, et que M. Naudin a nommé en français *fougeraie*. Pour les espèces exotiques des régions chaudes, on construisit des serres spéciales; certains amateurs même se firent des préférences et s'attachèrent à collectionner des genres particuliers. Rien, en effet, n'est plus digne de notre affection que ces plantes aériennes et singulières, et nous avons dit plus haut tous les motifs de notre admiration pour elles.

Fougères de plein air. — La culture des fougères de plein air pourrait, comme l'a dit M. Naudin, comprendre deux groupes principaux : les fougères *némorales* et les fougères *rupicoles,* c'est-à-dire les espèces qui aiment l'ombre des bois et celles qui croissent sur les rochers. Ces deux tribus demandent à être placées sur des rocailles à fougères construites d'après les modèles usités en Angleterre. D'ordinaire, leur forme est celle d'un monticule à deux versants sur lesquels sont placées les plantes. Au nord, on dispose celles qui craignent le moindre rayon de soleil et qui viennent des profondeurs des bois; au midi, celles qui vivent au grand air sur les rochers de nos montagnes. Si l'on peut irriguer à volonté les anfractuosités qui les recèlent, elles s'y plairont davantage, et si même on venait

Fig. 9. Dicksonia squarrosa.

à remplacer le monticule par un petit vallon rapide, incliné vers le nord et abrité du vent, tout serait pour le mieux. On pourrait même y ménager de petites grottes favorables à la végétation des espèces délicates. Un ruisselet qui sillonnerait les flancs du coteau abrupt recevrait les plantes avides d'eau courante ou *stillante*, et formerait, au besoin, quelques nappes ou réservoirs favorables aux Osmondes et à leurs similaires des marécages. Dans ces conditions choisies, on pourra cultiver nos plus jolies espèces.

Espèces européennes. — Sous les roches ombragées, les *Asplenium nigrum*, *fontanum*, *lanceolatum*, *trichomanes*, *marinum*, *viride*, l'*Aspidium angulare* et ses variétés, les

Fig. 10. Pteris tricolor.

A. lonchitis, *cristatum*, *aculeatum*, *l'Allosurus crispus* des lacs de l'Écosse, l'Adiante cheveux de Vénus, le *Trichomanes radicans*, les *Woodsia Alpina* et *Ilvensis*, les *Hymenophyllum Tunbridgense* et *unilaterale*, le *Gymnogramma leptophylla*, les *Polypodium dryopteris*, *calcareum*, *Alpes-*

tre, *vulgare*, se prêteront aux situations les plus variées et les plus pittoresques, se glissant dans les interstices, dressés, retombants, étalés, mariant leurs feuillages de mille manières. Dans les parties plus en vue, la fougère mâle et la fougère femelle, la fougère d'Allemagne et l'Onoclée de l'Amérique du nord, sept ou huit autres espèces d'*Aspidium* et un nombre considérable de variétés, se dresseront dans leur stature plus avantageuse et leurs formes non moins jolies.

La fougère de Crète, *Pteris Cretica*, si gracieuse sur les rochers de la région méditerranéenne, demandera les parties les plus protégées dans notre sud-ouest, tandis que la fougère crépue (*Pteris crispa*) des hautes montagnes de l'Europe et de l'Asie, développera partout ses feuilles finement découpées. Sur le bord même du ruisseau s'étalera en délicieuses rosettes mi-penchées, mi-dressées, la fougère pectinée, ou *Blechnum spicant*, pendant que l'Ophioglosse langue de serpent et la Lunaire (*Botrychium lunaria*) montreront leurs curieuses inflorescences à côté de la fougère royale, le pied dans l'herbe mouillée.

Sous les parois de la grotte, la Scolopendre officinale, ses nombreuses variétés, et la Scolopendre hémionitique du midi de la France (*Scolopendrium officinale* et *S. hemionitis*), laisseront retomber, l'une ses longues feuilles simples, rubanées, luisantes, ondulées ou crispées suivant la variété, l'autre ses frondes partagées en deux lobes comme un fer de flèche.

Si l'on nous consultait pour disposer ces plantes dans un jardin paysager de style moderne, comme celui de la figure 11, par exemple, nous indiquerions la distribution suivante :

En F, inclinées au plein nord, seraient placées les rocailles qui recevraient la majeure partie des espèces saxatiles de petites dimensions. Au pied du rocher, et sur le bord immédiat du bassin, dans l'herbe humide, seraient les espèces des maréca-ges, à l'abri de quelques grands arbres, tandis que sous le même ombrage, mais dans une position plus saine, on placerait les fougères némorales. Le long du ruisseau et autour du bassin G, on isolerait quelques espèces arborescentes (27, 20, 16, 35). Sur l'autre rocaille, près du pavillon B, on planterait à une

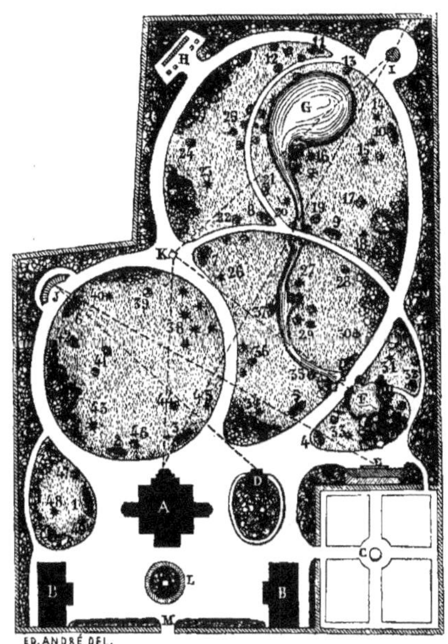

Fig. 11. Distribution des fougères dans un jardin paysager.

exposition plus chaude les espèces indigènes qui croissent sur le calcaire, et l'on bâtirait pour cela en pierres meulières. Çà et là, sur les pelouses, d'autres espèces variées pourraient prendre place, soit le long des massifs à l'ombre, soit en tapis sous les groupes de conifères.

Espèces exotiques. — La flore exotique des contrées tempérées peut encore ajouter à ce total respectable, qui dépasse déjà 200 espèces et variétés, un certain nombre qu'il serait bon d'essayer à la pleine terre. A partir du 36e degré de latitude, le Japon, le Caucase, le nord de la Chine et de l'Amérique, la Sibérie, et même à des latitudes plus élevées, les sommets de l'Asie Mineure, de la Californie, du Mexique, et des Cordillères, nous offriraient sans doute une abondante moisson de fougères. On pourrait aussi tenter, dans l'ouest et le midi de la France, comme on l'a fait en Angleterre, dans le pays de Galles, la culture des sujets arborescents de la Tasmanie et de la Nouvelle-Zélande. Plusieurs Osmondes (les *O. spectabilis*, *cinnamomea* (fig. 12), *Claytoniana* (fig. 4), *interrupta*) formeraient une digne compagnie à notre Osmonde royale.

Quelques espèces originaires du Pérou et du Mexique et provenant des pics élevés des Andes, comme l'*Adiantum Peruvianum* et le *Lygodium Mexicanum*, ont le même tempérament que nos fougères des Alpes ; elles rentreraient sous la même loi. Le *Struthiopteris Pensylvanica*, qui représente dans l'Amérique du Nord notre fougère d'Allemagne, jouerait dans nos jardins le même rôle décoratif; plusieurs *Woodwardia*, le *Platyloma atropurpureum*, l'*Onychium lucidum*, le *Gleichenia Alpina*, le *Nothochlæna vestita*, rentreraient volontiers dans cette liste et pourraient se renforcer d'un grand nombre d'autres espèces, dont l'essai est encore à tenter.

Fougères de serre. — Le cadre est beaucoup plus vaste pour les fougères de serre. De même que nous avons vu les plus belles et les plus nombreuses abondamment répandues sous l'équateur et les tropiques, de même aussi, bien que nous n'ayons guère introduit que la dixième partie des fougères exotiques, elles n'en forment pas moins un total considérable dans nos cultures sous verre.

Serre froide. — On commet trop souvent l'erreur de considérer toutes ces espèces étrangères comme de serre chaude, et

Fig. 12. Osmunda cinnamomea.

l'on ne songe pas assez que si bon nombre d'entre elles habitent les pays du soleil, leurs stations sont fréquemment à des altitudes qui les identifient avec nos climats tempérés. Lisez les renseignements donnés par MM. Martens et Galeotti sur les fougères du Mexique ; vous verrez que le plus grand nombre se rencontrent sur les flancs des hautes montagnes, depuis 1000 jusqu'à 3300^{m} au-dessus du niveau de la mer, c'est-à-dire dans un climat souvent glacial. Ainsi l'*Alsophila pruinata*, qui occupe au Mexique un court espace entre 1100 et 1350^{m}, peut très-bien se conserver en serre froide. La plupart des fougères en arbre même y croissent mieux qu'en serre chaude; leur feuillage y est plus robuste et jamais étiolé.

Parmi les espèces australes, les *Alsophila Australis* et *excelsa* sont si solides qu'on peut même les transplanter dehors en pleine terre pendant l'été; elles y prennent des forces et préparent, pour l'hiver suivant, une remarquable végétation. Les *Balantium*, les *Dicksonia fibrosa* et *squarrosa* de la Nouvelle-Zélande, presque tous les *Cyathea*, les *Lomaria*, les *Todea Australis* et *hymenophylloides*, à frondes translucides, l'*Angiopteris Australis*, superbe espèce nouvelle novo-zélandienne, supporteront facilement les abaissements de température habituels aux bruyères et aux camellias. On peut leur adjoindre de nombreuses espèces américaines et océaniennes, les *Blechnum* du Brésil, plusieurs *Balantium* et plusieurs *Cyathea* (entre autres les *C. Beirichiana* et *funebris*), les *Alsophila ornata*, *gigantea* et *Warszcewiczii*, l'*Hemitelia Capensis*, le *Lomaria Magellanica*. Si la plupart de ces plantes étaient moins rares et moins chères, il est à peu près certain que les amateurs les essayeraient avec d'autres espèces, bientôt acquises à la serre froide.

Serre chaude et appartements. — Si nous entrons dans le domaine immense des fougères tropicales, nous n'avons plus qu'à choisir. Il faut même renoncer à l'énumération pure et simple des espèces qui deviennent la parure aimable entre toutes de nos serres. Toutes les contrées chaudes du globe, nous pouvons les mettre à contribution, si nous apportons artificiellement à leurs fougères les conditions de chaleur et d'humidité de leurs stations natales. Ces formes multipliées à l'infini dans leur charme ou leur bizarrerie, que nous avons vues répandues en si grande profusion, n'attendent qu'un peu de soin dans leur culture et d'art dans leur disposition, pour reproduire à notre avantage leurs plus beaux effets spontanés.

Que n'obtiendra-t-on pas, en fait d'élégance et de pittoresque, des couleurs blanche, verte et rouge du *Pteris tricolor* (fig. 10), des lignes panachées du *Pteris Cretica*, de la zone d'argent du grand *Pteris argyrea ?* On devra les suspendre avec grâce aux rocailles de nos serres et les allier à la nombreuse tribu des espèces aux feuilles poudrées d'or et d'argent : *Gymnogramma chrysophylla*, *calomelanos*, *argyrophylla*, *gracilis*, *sulphurea*, *Peruviana*, *Pteris aurata*, *Nothochlæna Hookeri*, *flavens*, *nivea* et *chrysophylla*, les *Cheilanthes dealbata*, *farinosa*, *Borsigiana*, etc....

La bizarre conformation membraneuse et déchirée des *Platycerium stemaria* (fig. 3) et *grande*, la végétation circulaire et les grandes frondes simples ou *quercinées* du *Drynaria coronans* et de l'*Asplenium nidus* sont autant d'agréments de premier ordre, si l'on sait les accrocher à des fragments de bois mort, les appliquer aux parois de la serre ou les disposer en suspensions, d'où s'échapperont aussi les longues tiges retombantes des *Gleichenia*, les ondes verdoyantes des *Woodwardia* ou la chevelure légère et charmante des *Adiantum* à petites pinnules.

Quel parti l'on pourrait tirer du nid pittoresque que présente le *Dichyoxiphium Panamense*, des *Davallia* des Indes, des *Asplenium*, des nombreux *Hymenophyllum* et *Trichomanes* qui couvrent entièrement le tronc de certains arbres de l'île Bourbon, des *Lygodium* grimpants de Java et du Mexique, des *Mohria thurifraga* et *achillæfolia* aux frondes si fines, qui nous viennent de l'Afrique australe avec le charmant *Todea Africana*, des *Aspidium* du Guatemala, de tous les Adiantes des

Antilles, du *Polypodium vacciniifolium* (pl. IX) qui se suspend au sommet des arbres et les enveloppe entièrement? On leur ajouterait les *Oleandra* de Ceylan, *Polypodium* et *Nephrolepis* de l'Océanie, *Asplenium* de l'île Maurice et de l'île de France, les *Polypodium phymatodes* aux pennes bronzées, et *P. musæfolium*, aux larges feuilles entières réticulées de noir, l'*Adiantum pubescens* et l'*A. trapeziforme*, les feuilles en flèche du *Doryopteris sagittæfolia*, les pétioles rouges du *Pteris aspericaulis*, l'*Asplenium viviparum*, découpé comme une feuille de persil, et son voisin en légèreté, l'*Asplenium Belangeri;* les lames velues de l'*Hymenodium crinitum*, l'Osmonde des tropiques : *Anemidictyon phyllitidis*, le gracieux *Ceratodactylis osmundioides*, les plumes légères du *Trichomanes plumosa*, les grands arceaux retombants et vivipares du *Woodwardia radicans*, une curiosité : l'*Aspidium falcatum*, aux larges pennules, aux rachis écailleux, toutes ces espèces enfin dont nous ne saurions citer l'une préférablement à l'autre sans injustice. Il faut laisser les goûts de chacun, la fantaisie individuelle se développer en toute liberté, et si les amateurs de fougères savent reproduire dans leurs jardins et dans leurs serres la disposition pittoresque qu'elles prennent dans la nature, ils se seront procuré une des jouissances les plus pures et les plus vives qui soient réservées aux amis des plantes.

Enfin il n'est pas jusqu'aux appartements qui ne puissent convenir à quelques fougères et leur emprunter un précieux élément de décoration. Sans doute l'humidité de l'atmosphère, si nécessaire à la plupart d'entre elles, leur fait défaut à l'intérieur des maisons, mais quelques espèces, par exemple le *Lomaria gibba*, les *Blechnum spicant* et *Aspidium lonchitis* de nos ruisseaux ombragés d'Europe, les *Pteris* colorés et les *Pteris aspericaulis* et *serrulata*, le *Nephrolepis exaltata*, le *Polypodium aureum*, les *Adiantum tenerum* et *trapeziforme*, les *Platycerium* même, dont j'ai gardé l'un trois ans dans un pot formé de rondins de bois garnis de mousse, se contenteront de ces conditions peu favorables et y conserveront plusieurs mois, parfois une année et plus, leur joli feuillage, à la grande joie de la maîtresse de la maison. On pourra même les employer, sinon d'une manière constante, au moins temporairement, à la garniture des surtouts de table (voir fig. 7), des vases, suspensions et autres motifs d'ornement variables dans leur application.

Ed. ANDRÉ.

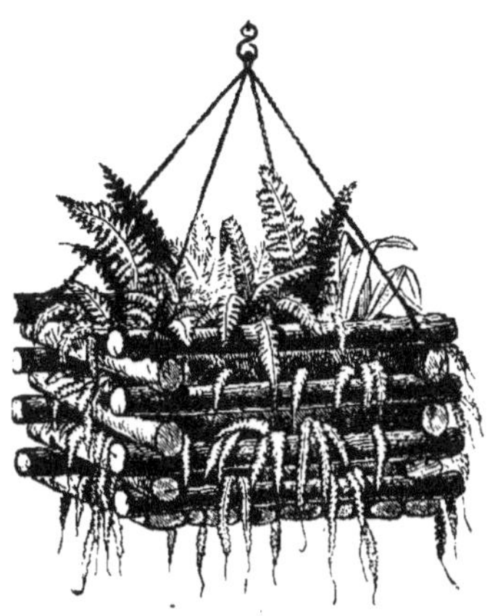

MULTIPLICATION

DES FOUGÈRES.

MULTIPLICATION

DES FOUGÈRES.

JUSQU'AU commencement du dix-huitième siècle, les fougères, peu connues des anciens auteurs, passaient, comme chez le vulgaire de nos jours, pour être dépourvues de tout moyen de reproduction; aussi de ce que la plupart d'entre elles paraissaient ne produire que des feuilles, ne croyait-on pouvoir mieux caractériser ces étranges végétaux qu'en les qualifiant de plantes *sans tige, sans fleurs et sans fruits*. Cependant, de judicieux observateurs, laissant de côté les livres pour étudier la nature dans la nature même, reconnaissaient d'abord que la tige de ces plantes, pour être souterraine, n'en existe pas moins; puis ils remarquaient, sous la face inférieure de quelques-unes de ces prétendues feuilles, certaines agglomérations de petites capsules remplies d'une poussière extrêmement fine; bientôt enfin, l'un d'entre eux, qui devait jeter plus tard les bases de l'admirable Méthode naturelle, Bernard de Jussieu, critiquant avec raison l'assertion de Dodoens qui niait que l'*Osmonde royale* naisse de graine, assurait « *en avoir trouvé lui-même plusieurs jeunes pieds fort petits qui étaient au-dessous des vieux pieds.* » Depuis lors, ces connaissances, se généralisant de plus en plus, s'étendirent à toutes les fougères; et il fut admis de la sorte que ces plantes, tout en ne fleurissant jamais, présentaient non-seulement une tige, des feuilles et des fruits, mais des graines dans ces fruits.

Et cependant ceci était peu de chose encore : on ne pouvait en effet se dissimuler, en comparant les fougères aux plantes à fleurs, que si chez celles-ci toujours une fleur précède le fruit, chez les fougères le fruit non-seulement ne succède pas à une fleur, mais se prive fort bien de son concours pour naître, mûrir ses semences et les jeter au vent. Les esprits sensés se demandaient donc avec raison, si ces plantes, échappant de la sorte à la loi fondamentale de la nature, pouvaient se reproduire sans l'intervention d'un agent fécondant.

De patients observateurs, se refusant à croire à une exception physiologique, s'adonnent alors à l'étude de cette difficile question. Ils scrutent avec soin les contours de ces fruits, les membranes foliacées qui les protégent, le duvet même des folioles qui les portent; ils étudient avec soin les écailles qui enveloppent leur feuillage naissant; que dis-je, ils en viennent même jusqu'à renverser les données du problème, et la question prend une nouvelle face: les séminules contenues dans le fruit ne représenteraient-elles pas plutôt, se disent-ils, un pollen fécondateur ?.... Mais ce n'était pas par cette voie que l'on devait arriver à contraindre la nature de dévoiler ses secrets.

En 1834, un fait surprenant est signalé: ce fait, devançant la plus hardie des hypothèses, explique enfin le prétendu mystère de la reproduction des végétaux inférieurs, c'est-à-dire de ceux-là même que l'on désignait comme privés de fleurs, quoique pourvus de fruits. Le Dr Unger annonce en effet que les *Sphagnum* ont pour agents fécondateurs des corpuscules motiles et animés. Il ne reste plus qu'à en constater la présence dans les autres classes de ces végétaux : MM. Meyen, Decaisne et Thuret les retrouvent dans les Mousses et les Algues. Quelque temps encore, et l'histoire des fougères va se grossir d'un chapitre aussi nouveau qu'inattendu.

Jusque là, en effet, ces découvertes se font sur des plantes adultes. Or, il advient qu'en 1844, M. Nægeli, voulant étudier l'évolution germinative de quelques graines de fougères, se trouve conduit à suivre pas à pas les phénomènes de cette germination: son étonnement fut grand de voir un jour s'agiter sous ses yeux ces corpuscules animés, agents d'une fécondation mystérieuse! Quelques années plus tard, M. Suminski découvrait à son tour l'organe destiné à concentrer en lui-même les effets de cette fécondation. Depuis, les travaux successifs de MM. Wigand, Thuret, Hofmeister et Schacht ne permettent plus de conserver aucun doute sur ce sujet, et l'on peut admirer aujourd'hui en toute certitude cette variété de moyens qu'emploie la nature pour arriver par des voies différentes à ce même but final: la transmission de la vie par la fécondation.

Notions préliminaires. — La distinction évidente qui par suite s'est trouvée nettement établie entre les fougères et les végétaux supérieurs, a nécessité la création de nouveaux termes pour dénommer leurs parties correspondantes, identiques de forme, mais non d'essence. C'est ainsi que chez les fougères, la *tige* a pris le nom de STIPE (du latin *stipes*, tronc) quand elle est arborescente; de CAUDEX (du latin *caudex*, souche), lorsqu'elle est très-peu élevée au-dessus du sol, et de RHIZOME (du grec *rhizôma*, racine), lorsqu'elle trace sur la terre ou produit des jets souterrains. De même, on a appelé FRONDE (du latin *frons*, *frondis*, feuille), ce que les anciens considéraient comme une *feuille* véritable: on sait qu'elle s'en distingue parfaitement, en ce que la fronde n'a jamais, comme la feuille, de bourgeon à sa base. Cette fronde qui, comme on le sait, reste enroulée en crosse jusqu'à son épanouissement, a offert aussi des parties diverses : la *nervure médiane*, dans toute sa longueur, depuis son point d'attache sur le rhizome, le caudex ou le stipe jusqu'à l'extrémité du limbe, est devenu le RACHIS (du grec *rachis*, colonne vertébrale) ; les premières divisions du limbe, lorsqu'il est découpé, ont pris le nom de PENNULES (du latin *pennula*, petite plume), et les secondes, PENNULINES ; enfin, les nervures sans limbe qui les supportent, des *pétiolules*.

Du reste, ces stipes et ces rachis n'ont pas laissé de présenter également de notables différences, dans leur organisation anatomique, avec les tiges et pétioles des végétaux supérieurs, ce qui a révélé que leur mode d'accroissement était tout autre. Aussi, la disposition de leurs vaisseaux propres, conducteurs de la séve et ordinairement colorés, en est-elle assez remarquable : on connaît, en effet, l'arrangement singulier qu'ils présentent dans le *Pteris aquilina*, fougère si commune dans tous nos bois sablonneux, et dont le nom de *fougère à l'aigle* vient précisément de ce simulacre d'aigle à deux têtes qui apparaît sur la section transversale de la base noirâtre de ses rachis. Or, ceci même nous expliquera l'organisation de la tige des fougères arborescentes, car leur stipe étant en réalité constitué par une spire très-resserrée de rachis autour d'une sorte de moelle ligneuse, uniforme, il en résulte qu'une coupe transversale de

Fig. 14. *Pteris aquilina* L. — Coupe transversale oblique de la base d'un rachis, de grandeur naturelle.

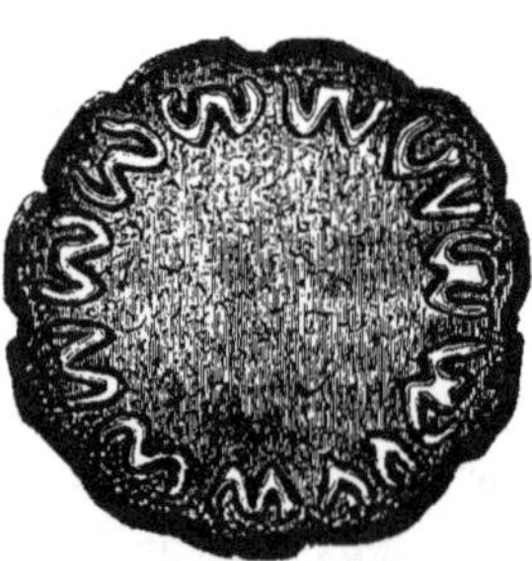

Fig. 15. *Cyathea Mettenii* Karst. — Coupe transversale du stipe (réduction au 1/8), d'après Karsten.

ce stipe reproduit, extérieurement et groupées en cercle, les formes bizarres plus ou moins nettement accusées que présentent les couches vasculaires colorées de chacun de ces rachis.

De même, les *graines* des fougères, n'étant pas non plus constituées comme celles des végétaux supérieurs, devaient être désignées sous un nom différent : on les a donc appelées SPORES (du grec *spora*, semence, graine), et par suite les fruits qui les renferment, des SPORANGES (du grec *spora*, spore, et *aggos*, enveloppe). On en vint à remarquer aussi que ces sporanges se présentaient toujours groupés en grand nombre, soit sous la face inférieure, soit au sommet des frondes, et que ces groupes qui affectaient, suivant les genres, des formes variables, étaient tantôt nus, tantôt recouverts d'une membrane foliacée : de là le nom de SORE (du grec *sôros*, amas), pour désigner ces *groupes* de sporanges, et celui d'INDUSIE (du latin *indusium*, manteau) appliqué à cette membrane.

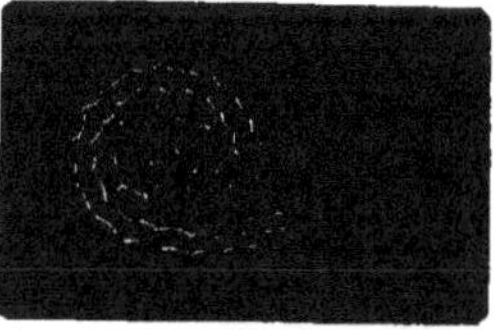
Fig. 16. *Asplenium Filix fœmina* Bernh. — Sporange mûr, grossi 120 fois.

Quant à la déhiscence de ces sporanges, elle s'effectue d'une assez curieuse façon : par l'effet d'une action hygrométrique sur leur enveloppe celluleuse, il se produit d'abord une déchirure latérale ; puis, comme ils sont munis sur leur pourtour d'une sorte d'*anneau élastique*, composé de grosses cellules distendues par le gonflement des spores, il en résulte que cet anneau, en se rétractant soudain, projette au dehors toutes les nombreuses spores contenues dans le sporange.

Fig. 17. *A. Filix fœmina* B. Sporange après la déhiscence, grossi 120 fois.

Ces spores varient de forme suivant les espèces : en général, leur aspect est rugueux et comme chagriné ou réticulé. Elles sont fort petites, car elles sont à peine visibles à l'œil nu : leur diamètre moyen peut être évalué à trois ou cinq centièmes de millimètre environ. Elles sont constituées par deux enveloppes membraneuses : l'une externe, épaisse, plus ou moins hérissée d'aspérités, l'autre interne, parfaitement lisse et diaphane; mais celle-ci adhère si bien à la première qu'elle ne devient visible qu'en subissant les effets de la germination. Son contenu est composé de gouttelettes d'huile en suspension dans un mucilage granuleux : il doit fournir à la spore, avec l'air et l'eau, les premiers éléments nécessaires à son évolution.

Fig. 18. *A. Filix fœmina* B. Spores, grossies 450 fois.

Fig. 19. *A. Filix fœmina* B. — Spore vue en coupe longitudinale, grossie 450 fois.

Semis. — Avant de nous occuper des divers phénomènes que présente cette germination, il n'est pas, ce me semble, hors de propos de parler de la récolte des spores et de leur semis. Trop souvent, en effet, des résultats inattendus et décourageants viennent tristement couronner 5 à 6 mois de soins assidus et vigilants! Trop souvent, la plante semée n'est pas celle que l'on voit se développer au dernier instant! Et que de fois encore une espèce des plus rares fait-elle place alors à l'une des plus vulgaires! Or, si l'on ajoute encore à cette source de mécomptes que les Algues et surtout les Mousses, plantes dont la rapide extension est si à craindre, émettent des spores dévastatrices qui abondent partout, sur le sol, dans l'eau, et jusque dans l'air, on comprendra quels soins attentifs, quelles précautions infinies doivent exiger, soit les récoltes des semences, soit les préparations pour les semis.

Les spores des fougères, mieux constituées sous ce rapport

que celles des *Prêles*, offrent cet avantage de conserver longtemps, plusieurs années même, leur faculté germinative. La récolte peut donc en être faite sans qu'il soit urgent de procéder immédiatement au semis; cela même est du reste avantageux en soi, parce que la suspension des frondes fertiles au-dessus des pots ou terrines à ensemencer, est loin, dans la pratique, de pouvoir souvent se faire avec facilité, et parce que les sporanges de toutes les espèces ne mûrissant pas toujours dans les serres, il est de grande importance de s'assurer de la fertilité des frondes avant le semis. On cueillera donc les frondes fructifères après s'être assuré à la loupe de l'état de maturité des sporanges (alors d'un noir d'ébène ou d'un jaune d'or, suivant la couleur des spores), et après avoir soigneusement constaté leur indéhiscence, car des sporanges vides ne donneraient évidemment que des résultats négatifs. Il sera nécessaire, si la récolte est faite dans une serre où d'autres fougères ont pu semer naturellement leurs spores sur leurs voisines, d'essuyer avec soin et de brosser au pinceau les frondes ou portions de frondes récoltées; celles-ci seront placées dans une feuille double de papier blanc à bords relevés et repliés avec soin, puis le tout sera placé feuille à feuille dans un local bien sec. Par l'effet de la dessiccation, les sporanges projetteront sur le papier toutes leurs spores, et l'on pourra ainsi en faire aisément de petits sachets de conserve.

Les horticulteurs belges qui, par le semis, ont multiplié un assez grand nombre de fougères, suivent deux méthodes différentes dans la préparation de leur sol à ensemencer. Les uns se servent de pots remplis de fragments de terre de bruyère tourbeuse qu'ils recouvrent jusqu'aux bords d'une couche de cette même terre finement tamisée; ils n'humectent ces pots qu'une seule fois, c'est-à-dire immédiatement avant le semis, en les trempant dans l'eau par la base. Les autres emploient des terrines dans lesquelles ils entassent d'assez gros morceaux de cette même terre de bruyère; puis, de temps à autre, ils versent avec soin et sur le bord des terrines l'eau qui doit humecter par imbibition les fragments de terre ensemencée. Or, on peut ajouter quelques perfectionnements à ces deux méthodes, soit en maintenant les pots ou les terrines dans des soucoupes toujours humides, soit même en se servant de terrines à base percée de trous, placées sur des récipients remplis d'eau. Mais ce qui est indispensable dans un grand nombre de cas, c'est d'abord l'emploi exclusif d'une eau récemment filtrée, puis l'addition d'une très-légère couche de terre de bruyère calcinée ou passée à l'eau bouillante et de poterie neuve pulvérisée, pour former le sol supérieur : en effet, les fines particules de poterie, grâce à leur porosité, provoquent très-rapidement les phénomènes de la germination, et ce sol artificiel, ainsi que l'eau filtrée, ne se trouve contenir au moment du semis d'autres spores que celles que l'on vient d'y semer. Quelquefois même, la poussière de charbon végétal n'est pas non plus à dédaigner, car, lorsqu'il s'agit d'espèces rares ou précieuses, les soins les plus minutieux et les essais les plus divers deviennent pour ainsi dire de première nécessité.

Le sol ainsi préparé et humecté, mais dont il faut se garder, pendant quatre mois au moins, d'arroser la surface, si l'on ne veut dès l'abord trop enfoncer les spores en terre, troubler plus tard les germinations, ou peut-être semer des spores de mousses à filaments envahissants, il est instant de procéder au semis. Pour cela, on peut répandre une très-faible quantité de spores sur un papier blanc et les souffler ou les faire voltiger légèrement sur toute la surface du sol à ensemencer. En général, un semis léger est préférable; les semis compacts ne sont utiles que pour les essais d'hybridation. Cependant, il est encore loisible d'opérer d'une autre façon : les spores de fougères germant fort bien sur l'eau pure, à une tiède température, on peut les laisser trois ou quatre jours s'humidifier de la sorte, puis verser le liquide chargé de ces spores sur le sol d'ensemencement; mais les soins extrêmement minutieux qu'exige cette méthode ne la rendent pas très-pratique. Il convient aussi de faire les semis dans un endroit clos et abrité contre le vent, et, avant tout, hors du local disposé pour les germinations. Il faut veiller, en effet, à ce que des spores étrangères ne viennent point s'introduire dans les récipients destinés spécialement à celles que l'on veut semer. Enfin, il sera utile qu'une étiquette rappelle exactement la plante mère et le jour du semis.

Le semis fait, si l'on a opéré avec des pots remplis seulement de terre aux deux tiers, ou avec des terrines dont les fragments de terre de bruyère ne dépassent pas trop le fond, on peut couvrir ces récipients d'une vitre fort nette, ce qui activera, pendant quelques jours, les premiers effets de la germination. Toutefois, l'emploi de cloches de verre sera de beaucoup préférable. Mais ce que l'on ne doit pas oublier, c'est que les trois causes germinatrices par excellence sont la lumière, la chaleur et l'eau. Ainsi, une température de 35 à 40° provoquera dès l'abord une rapide germination : puis, elle pourra peu à peu descendre sans inconvénient à 25°, pourvu que la vapeur de la serre où l'on opère se maintienne dans la même proportion. La lumière ne sera évidemment qu'une lumière diffuse; mais elle est nécessaire, comme on le sait, à la formation des parties vertes des végétaux. L'eau, enfin, aidera singulièrement à l'évolution germinative, à ce point que des semis, constamment imbibés, conserveront plus d'un mois d'avance sur ceux qui auront été à peine humectés.

Ces préparatifs terminés et les semis ainsi faits, disons maintenant quelques mots des diverses phases de la germination. Nous verrons de quelle utilité nous sera la science pour les soins à donner à nos cultures, et de quelle façon nous serons conduits à concilier forcément nos méthodes avec ses préceptes.

Germination. — Sous l'action d'une tiède température jointe à l'absorption de l'eau qui ajoute aux particules élémentaires concentrées dans la spore ce qui leur manque pour compléter sa nutrition première, la membrane interne se gonfle et exerce une pression continue sur la membrane externe environnante. Celle-ci, violemment distendue, se déchire brusquement et laisse sortir au dehors une première cellule vitale. D'ordinaire et dans de bonnes conditions, cinq à six jours au plus suffisent pour produire ce résultat.

Fig. 20. *A. Filix fœmina* B. — Spore après cinq jours de germination à 35°, grossie 300 fois.

Cette première cellule s'allonge en deux sens : une portion s'élève au-dessus du sol ; l'autre y plonge de plus en plus, ce sera la première radicelle. Peu à peu la portion aérienne se subdivise en d'autres cellules dans lesquelles apparaissent les premiers globules de cette chlorophylle qui colore en vert tous les végétaux. Bientôt même, de nouvelles radicelles, produites par quelques-unes de ces cellules, viennent activer leur nutrition ; et enfin, deux mois en moyenne après le semis apparaissent des expansions ou lames foliacées, le plus souvent régulièrement cordiformes, que nous nommerons THALLES (du grec *thallos*, première feuille).

Fig. 21. *A. Filix fœmina* B. — Spore en germination depuis 12 jours, grossie 100 fois.

Ces thalles s'accroissent encore insensiblement jusqu'au quatrième, parfois jusqu'au cinquième mois, suivant le mode d'entretien et d'humidité du sol; alors apparaît, à l'échancrure du thalle, une petite foliole plus charnue, plus épaisse que le thalle lui-même : c'est le premier jet de la plantule, la première fronde du végétal naissant.

Fig. 22. *A. Filix fœmina* B. — Les deux premières frondes sortant du thalle, de grandeur naturelle.

Fécondation. — Mais que s'est-il passé pendant l'évolution de ce thalle primitif jusqu'à l'apparition de la jeune plante? Ce que notre vue n'a pu constater par elle-même, les instruments d'optique vont nous le dévoiler.

Et d'abord, étudions attentivement ce thalle âgé de trois ou quatre mois : nous pourrons remarquer qu'il ne s'élève pas au-dessus du sol, mais qu'il semble ramper à sa surface, disposition dont nous ne tarderons pas à reconnaître l'utilité féconde. Nous observerons de plus que ces thalles ne sont pas tous de même grandeur, et qu'en y regardant de près il nous est loisible d'en faire deux catégories fondées sur leur plus ou moins grande force de développement. En effet, ils nous présenteront, les uns ou les autres, sous leur face inférieure, deux sortes d'organes bien distincts, savoir : les thalles les plus petits, des ANTHÉRIDIES (*organes qui jouent le rôle des anthères des étamines florales*), et les thalles les plus grands, des ARCHÉGONES (du grec *archè*, principe, et *gonos*, germe), autrement dits des organes dans lesquels doit

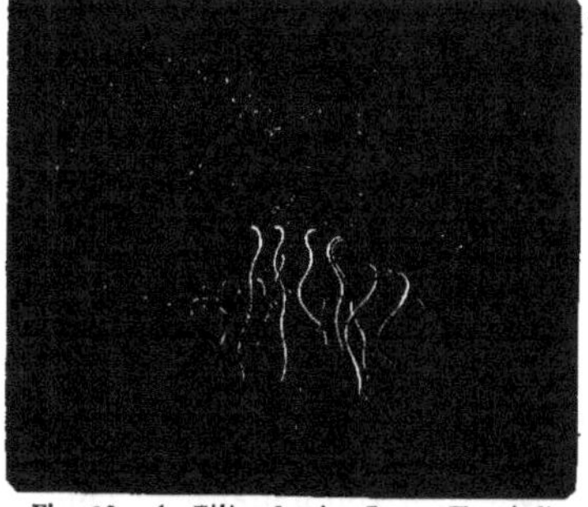

Fig. 23. *A. Filix fœmina* B. — Un thalle à anthéridies et archégones, après trois mois de germination, grossi 30 fois et vu en dessous.

naître l'*embryon*. Toutefois, un certain nombre d'espèces (bien peu encore, il est vrai, ont été étudiées à ce point de vue!) développent des thalles intermédiaires sous lesquels on peut constater la présence des deux sortes d'organes précités. Néanmoins, ces organes y conserveront toujours la place qui leur a été assignée : les anthéridies sur le bord inférieur et la partie radicellaire, les archégones immédiatement au-dessous de l'échancrure du thalle.

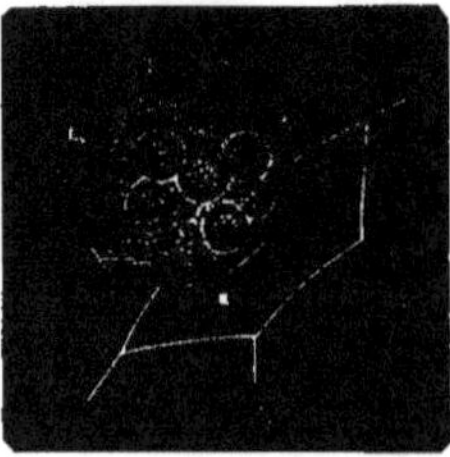

Fig. 24. *A. Filix fœmina* B. Une anthéridie, quelques jours avant la maturité, grossie 450 fois.

L'anthéridie se présente sous la forme d'une ampoule, le plus souvent sphéroïdale, composée de trois cellules externes et d'une cavité interne : c'est dans le sein de cette dernière qu'apparaissent à un moment donné, se formant aux dépens d'un mucilage primitif, une vingtaine environ d'autres petites cellules sphériques qui sont les cellules-mères des **ANTHÉROZOÏDES** ou *corpuscules animés de l'anthéridie.*

Il arrive assez fréquemment que plusieurs des anthéridies du même thalle se trouvent à la fois arrivées à cette époque précise que l'on pourrait appeler la maturité de l'organe. Dans ce cas, l'observation microscopique, fort curieuse sans contredit pour l'observateur, le fait assister à la succession des phénomènes tels qu'ils s'enchaînent dans la nature, pourvu bien entendu que l'eau baigne les préparations. Par l'effet d'une action endosmotique, c'est-à-dire par l'attraction mutuelle de deux liquides de différente densité, entre l'eau extérieure et le mucilage anthéridien, il voit d'abord la cellule supérieure des anthéridies se déchirer ou crever subitement, et les petites cellules-mères des anthérozoïdes sortir une à une de leur prison, puis les anthérozoïdes, délivrés de leur enveloppe cellulaire, dérouler subitement leur spire ciliée et tournoyer avec rapidité dans le liquide ambiant. Dans le cas cité, il peut se rencontrer que l'observateur constate la présence dans sa préparation de plus de deux cents anthérozoïdes.

Le mouvement de ces corpuscules animés, qui dure de une heure à deux au plus, est dû à la fois à l'extrême vitesse de leur vibration ciliaire et à leur structure proprement dite. Ils constituent en effet une véritable hélice : aussi, plus nombreuses sont les rotations qu'ils décrivent autour de leur axe, plus grande est la rapidité avec laquelle ils traversent le liquide. En général, et lorsqu'on a des thalles en bon état pour l'observation, il est, dans les premiers moments, impossible de les suivre de l'œil dans leur route vagabonde. On peut remarquer seulement, si la préparation contient un ou deux thalles à archégones, que c'est d'ordinaire vers ces organes qu'ils se rendent presque tous.

Fig. 25. *A. Filix fœmina* B. Anthérozoïde en mouvement, grossi 1500 fois.

Ces anthérozoïdes, outre leur spire hélicoïdale ciliée, sont munis d'une vésicule qui contient de très-petits grains de fécule, et qui est suspendue dans l'axe de la spire à une sorte de filament gélatineux rétractile. Ainsi constitués, ils se rendent vers l'archégone dans le canal duquel ils s'efforcent de pénétrer.

Fig. 26. *A. Filix fœmina* B : Anthérozoïde inerte, grossi 1500 fois : des vacuoles dans le liquide mucilagineux de la vésicule gonflée.

L'archégone est effectivement construit de telle façon que cette pénétration, d'abord niée et vivement critiquée par de bons observateurs, doit être définitivement admise aujourd'hui. Après M. Suminski qui l'annonça le premier au monde savant, mais de façon peut-être à faire naître quelques doutes, M. Hofmeister assura l'avoir vérifiée plusieurs fois; et si mon faible témoignage peut servir en cette occasion, je puis certifier ici avoir par moi-même constaté le fait. A la base de ce canal celluleux, l'archégone est terminé par une cavité dans l'intérieur de laquelle on distingue, à l'époque même de l'ouverture du canal qui s'effectue par l'écartement simultané des quatre cellules supérieures, un globule d'un jaune verdâtre, germe non fécondé du futur embryon. Toutefois, un seul des huit à douze archégones du thalle se développera. Le globule de cet archégone privilégié, sous l'action fécondatrice de l'anthérozoïde, s'enfermera aussitôt dans une membrane sphéroïdale, et la première cellule de la future fougère sera constituée. Bientôt, de cette cellule naîtront, par des dédoublements successifs, d'autres cellules appelées elles-mêmes à en produire de nouvelles, et toute la vitalité du thalle se concentrant sur ce germe naissant, on pourra, quelque temps après, voir sortir de l'échancrure la première fronde du végétal parfait.

Fig. 27. *A. Filix fœmina* B. Archégone grossi 450 fois.

Ce qui ressort avant tout de ces observations, pour les soins à donner aux semis, c'est que l'intervention de l'eau est nécessaire à la fécondation des thalles. Il faut donc, en temps utile, procurer aux thalles cette humidité féconde, sans laquelle tous les semis avorteraient. Or, nous aurons deux moyens d'y arriver, soit en pratiquant de très-légers arrosages, soit en soumettant nos cultures à l'action de la rosée des nuits, soit même en combinant ces deux moyens à la fois, dans la crainte d'un succès incomplet. L'arrosage ne devra se faire qu'au moyen d'un pulvérisateur ou d'un bruineur qui projettera sur les thalles, où on les laissera séjourner à dessein, de fines gouttelettes d'eau filtrée. On verra la rosée y déposer de ces mêmes gouttelettes pendant la nuit, si on laisse refroidir la serre où l'on opère, ou bien si après avoir dans la serre chaude couvert les récipients d'une cloche, on les soumet dehors au refroidissement nocturne.

L'époque favorable à ces opérations commence vers le troisième mois qui suit le semis : les grands thalles ont d'ordinaire alors un centimètre dans leur plus grande largeur. Les fécondations ainsi provoquées et les frondes naissantes ainsi obtenues, il sera urgent de procéder à un repiquage de chaque plantule, et cela au moyen d'une petite spatule qui permettra de l'enlever avec la portion du sol adhérant aux jeunes radicelles, pour ne point les briser. Des horticulteurs belges pratiquent même le repiquage des thalles avant leur complet développement, dans le cas d'un semis trop épais. Mais il vaut mieux, en général, semer plus légèrement, et ne repiquer que les fougères naissantes, car celles-ci supportent encore mieux le repiquage que les thalles.

Si, d'un autre côté, on veut se livrer à des essais d'hybridation, chapitre encore peu connu de l'histoire des fougères, mais au sujet desquels M. Stelzner, en Belgique, paraît avoir obtenu quelques succès, il sera de toute nécessité de semer ensemble sur le même sol les spores des deux espèces à hybrider, de faire ce semis assez épais pour que tous les thalles s'y trouvent entremêlés, enfin d'arroser assez abondamment et à de fréquentes reprises à l'aide du pulvérisateur. On conçoit en effet qu'il faut, pour réussir dans ces tentatives, faciliter aux anthérozoïdes de l'une de ces espèces la fécondation archégoniale de l'espèce voisine, et réciproquement. L'eau doit donc jouer en cela un rôle des plus importants.

Enfin, il ne sera pas sans intérêt de mentionner ici un fait déjà signalé par M. Kencely Bridgman, c'est que pour obtenir de semis les formes crépues ou digitées de certaines fougères : *Scolopendrium vulgare* var. *crista-galli*, *multifidum*, *laceratum*, ou encore *Aspidium filix-mas* var. *cristatum* (pl. LXVIII), *Asplenium filix-fœmina* var. *acrocladon*, *multifidum* (pl. LXII et LXIII), il est nécessaire de ne semer que les spores recueillies sur les portions anomales des frondes de ces fougères.

Les repiquages une fois effectués, les plantules exigent un nouvel entretien. Je laisse à de plus autorisés le soin de traiter plus savamment ce sujet et de l'enrichir des conseils de leur profonde expérience. Mais je ne terminerai pas sans signaler un excellent mode de propagation qu'offrent plusieurs fougères, sur les frondes desquelles naissent et se développent des *bourgeons adventifs*. Ces petits bourgeons vivipares, une fois plantés, simulent assez bien les repiquages de nos plantules : leur évolution paraît d'ailleurs s'effectuer de la même façon. Au reste, on trouvera plus loin la description de quelques-unes de ces fougères, douées de ce second moyen de reproduction. Privilége d'un petit nombre d'espèces, cette propagation ne doit pas être un sujet de regrets pour celles qui en sont privées : tous ces charmants végétaux, trop dédaignés jusqu'ici, n'ont-ils pas en effet des milliers de spores pour se multiplier? Et la science ne nous a-t-elle pas expliqué aujourd'hui tous les mystères de cette multiplication?

E. ROZE.

CULTURE

DES FOUGÈRES.

CULTURE
DES FOUGÈRES

**emis.** — Le hasard seul, comme cela se voit encore dans les serres, a longtemps présidé à la propagation des fougères. Nous savons aujourd'hui que, par le semis des spores, nous pouvons assister *de visu* à la naissance de ces curieuses plantes, dont la multiplication, jusqu'à présent, avait été entourée d'un voile mystérieux.

Autrefois, en effet, après bien des tentatives, on n'en était arrivé qu'à faire des multiplications problématiques. On mettait, dans les bassins destinés aux eaux d'arrosement, des frondes de fougères couvertes de fructifications bien mûres ; au bout d'un certain temps, l'humidité faisait rompre les enveloppes renfermant les spores qui, livrées alors aux ballottements de l'eau, se dispersaient dans tous les sens. L'arrosoir emportait ensuite ces spores et les distribuait, avec son eau bienfaisante, à droite, à gauche, partout sur les plantes ou sur les pots de la serre. Là, en silence et en secret, s'opérait le travail de la nature; peu de temps après, de petits sujets apparaissaient gracieusement çà et là; on s'en emparait et on consacrait à leur culture tous les soins nécessaires. Mais combien cette méthode hasardée était loin des procédés d'une véritable et sûre multiplication! Maintenant, du moins, que nous en connaissons les secrets les plus intimes, prenons les jeunes plantules à leur début et donnons leur tous les soins qu'exige leur évolution.

Soins à donner aux jeunes fougères provenant de semis. — Lorsque ces jeunes plantes commenceront à développer leur deuxième ou leur troisième fronde, il faudra, afin d'en perdre le moins possible, les enlever les unes après les autres, au moyen d'une mince spatule de bois, en conservant sous la jeune plante une petite portion de terre suffisante pour ne pas endommager les imperceptibles filaments radiculaires; on les plantera ensuite avec soin dans une terrine bien drainée, et remplie de terre de bruyère préparée spécialement pour la culture des fougères[1]. Elles seront dès lors déposées dans un endroit ombragé de la serre, après quoi un léger bassinage, fait avec un

1. Voy. *Drainage*, p. 67, et *Terre*, p. 68.

arrosoir à pomme percée de trous extrêmement fins, viendra tasser légèrement la terre, tout en lui donnant l'humidité qui est nécessaire à la vie des plantes. On recouvrira la terrine d'une cloche, pendant quelques jours, pour hâter l'émission de nouvelles radicelles. Peu à peu, on laissera pénétrer insensiblement l'air sous la cloche, afin de rendre les jeunes sujets plus robustes ; au bout d'une dizaine de jours environ, cette cloche pourra être définitivement enlevée, car ils seront assez forts pour être replantés isolément dans des godets en rapport, comme dimension, avec ces petites fougères. Enfin, quelque temps après, on les rempotera de nouveau, à mesure qu'elles prendront de l'accroissement. C'est alors qu'on pourra sans crainte les traiter comme plantes adultes.

Reproduction. — Outre les excellents moyens de multiplication qui viennent d'être décrits, nous avons encore à notre disposition, pour le plus grand nombre d'espèces, et depuis longtemps déjà, divers modes très-simples de reproduction, qui demandent moins de soins, et offrent également beaucoup de chances de réussite.

On remarque, sur certaines fougères, des sortes de bourgeons qui croissent à la surface supérieure ou inférieure des

Fig. 29.

frondes, sur les divisions des pennules et assez souvent même des pennulines. Tels sont : l'*Acrostichum auritum*, l'*Asplenium Bellangeri*, l'*A. compressum* (fig. 29), l'*A. flaccidum* (fig. 30), l'*A. fœniculaceum*, l'*A. lineatum*, l'*A. Otites*, l'*A. viviparum*, le *Cystopteris bulbifera* (fig. 31), l'*Hemionitis palmata*, le *Pteris palmata*, le *Woodwardia Orientalis*, etc.

Fig. 30.

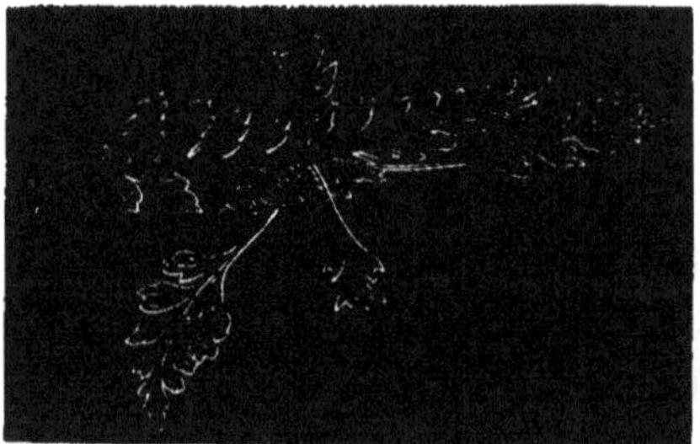

Fig. 31.

D'autres fois, ces prolifications se développent sur toute la longueur du rachis, comme on le voit sur l'*Asplenium heterodon*, le *Diplazium alternifolium*, le *D. celtidifolium*, le *D. proliferum*, le *Polypodium proliferum*, etc.

Ou bien encore elles apparaissent, au nombre de deux, sur le rachis, à l'aisselle des deux premières ramifications, comme dans le *Meniscium palustre*, le *Stenozemia aurita*, etc.

Quelquefois, c'est vers l'extrémité, et sur le rachis, à l'aisselle des dernières ramifications, au nombre de deux aussi : l'*Aspi-*

dium proliferum, le *Polypodium effusum*, le *Woodwardia radicans* (fig. 32), etc., en offrent un exemple.

Fig. 32. Bourgeon adventif du *Woodwardia radicans*.

Assez souvent, ces bourgeons terminent les rachis : ainsi, dans l'*Acrostichum flagelliferum*, l'*Adiantum caudatum*, l'*A. lunulatum*, l'*Asplenium rachirhizon*, l'*A. reclinatum*, le *Fadyenia prolifera*, etc. La fronde s'incline naturellement en formant l'arc; arrivé à la surface du sol, le bourgeon s'y implante, et prospère, comme l'indique la figure 33.

Enfin c'est sur les racines, à l'aisselle des fibrilles radiculaires, qu'ils se présentent encore; ce cas est remarquable dans l'*Asplenium dispersum*, le *Diplazium seramporense*, etc.

Ces prolifications, connues sous le nom de *bourgeons adventifs* ou *vivipares*, servent à la reproduction.

Les bourgeons adventifs, dans le plus grand nombre des espèces qui en possèdent, se détachent avec facilité, et tombent parfois d'eux-mêmes sur le sol lorsqu'ils sont arrivés au degré nécessaire à la reproduction (tel est le *Cystopteris bulbifera*). Il en est d'autres, au contraire, qui ne se séparent que très-difficilement de leur point d'attache, comme cela se remarque sur le *Woodwardia radicans*, le *Polypodium effusum*, l'*Aspidium proliferum*, etc.; leurs bourgeons sont même tellement adhérents qu'on ne peut les détacher qu'en enlevant avec eux une portion du rachis. Mais, par une prévoyance du Créateur, la plupart des plantes qui offrent le caractère *du Woodwardia radicans* ont des frondes très-longues, qui s'infléchissent vers le sol jusqu'au point d'y ramper, de sorte que les prolifications qui se trouvent à leur extrémité s'enracinent promptement.

L'*Aspidium proliferum*, le *Diplazium proliferum*, le *Polypodium effusum*, etc., ont des frondes dressées ou presque dressées; en vieillissant, les bourgeons adventifs qu'elles supportent prennent de l'accroissement, augmentent en volume, et forment un poids qui souvent force les frondes à s'incliner jusqu'à terre; le rachis, en se courbant, éprouve une sorte de cassure et les frondes touchent alors le sol; les bourgeons vivipares s'y enracinent et abandonnent ensuite la partie de fronde qui leur servait de support.

Fig. 33. Bourgeon adventif de l'*Adiantum caudatum*.

Le travail de la nature indiquait donc en quelque sorte à l'homme les divers modes de reproduction qu'il devait mettre à profit. Ces moyens sont les suivants :

1° Reproduction par les *bourgeons adventifs* ou *vivipares* aériens et souterrains;

2° Reproduction par la *division des rhizomes* (*Polypodium aureum*, *Davallia Canariensis*, *Pteris esculenta*) ;

3° Reproduction par la *division des caudex* (*Gymnogramma calomelanos*, *Polystichum filix-mas*, etc.);

4° Reproduction par la *division des touffes cespiteuses* (*Adiantum cuneatum*, *Cystopteris fragilis*, *Cheilanthes lentigera*, etc.).

1° **Bourgeons adventifs.** — Quand on voudra utiliser ces bourgeons pour la reproduction des espèces, qu'ils soient aériens ou souterrains, il suffira, lorsqu'ils seront bien constitués, c'est-à-dire au moment où les racines commenceront à paraître, de les détacher avec précaution; on les plantera ensuite dans de petites terrines, et on leur donnera tous les soins indiqués plus haut pour les jeunes plantes provenant de semis.

Les fougères arborescentes ne produisent jamais de ces sortes de bourgeons; on ne pourra donc les multiplier qu'au moyen du semis.

2° **Rhizomes.** — Au contraire, les *Nephrolepis*, les *Struthiopteris* et leurs similaires, émettent des *rhizomes stolonifères* se terminant par des bourgeons. La reproduction de ces espèces en devient des plus faciles; les bourgeons, étant détachés avec une partie du rhizome et traités avec soin, pousseront avec vigueur; ils offriront en peu de temps des plantes adultes.

En ce qui concerne les fougères à *rhizomes hypogés* ou *épigés* (voy. pp. 88 et 89), leur reproduction est très-simple : on séparera les rhizomes par tronçons de 0m,05-06-08-10 d longueur, selon les caractères propres à chaque espèce, et la réussite est inévitable.

3° **Caudex**. — La plus grande partie des espèces herbacées à caudex dressé ou couché se ramifient et produisent de nouveaux rejetons à l'aisselle des rachis. Par la séparation de ces rejetons, on arrive facilement à les multiplier.

4° **Touffes cespiteuses.** — Les fougères à *touffes cespiteuses* ou *gazonnantes* se multiplient d'une manière toute primitive : on passe une lame de couteau au centre de la touffe pour la séparer; une deuxième opération du même genre, dans l'autre sens, donne quatre touffes, absolument comme si l'on voulait faire deux ou quatre parts d'un gâteau. Ainsi, d'une seule plante on en fera quatre.

Les espèces annuelles, et elles sont rares dans nos serres, car nous ne connaissons encore que le *Gymnogramma chœrophylla*, se reproduisent d'elles-mêmes avec une grande facilité. Seulement il faudra surveiller le semis des spores, pour faciliter cette reproduction.

Toutes ces reproductions ou multiplications, par semis, par le moyen des bourgeons adventifs, par section ou séparation des souches, rhizomes et touffes, peuvent se faire pendant toute l'année, mais seulement pour les espèces cultivées en serre; au printemps et à l'automne, pour les espèces cultivées en plein air, c'est-à-dire au moment où commence la végétation et à l'instant où elle s'arrête.

CULTURE DES FOUGÈRES EN SERRES.

Malgré les détails et les observations déjà présentées, il nous a semblé utile de revenir de temps à autre sur les caractères principaux des fougères, soit sous le rapport de leur lieu de naissance, soit au sujet de leurs formes et de leur effet décoratif dans nos serres, dans nos parcs et dans nos jardins. Ces répétitions nécessaires, dont nous n'abuserons cependant pas, ont leur raison d'être : en effet, l'habitat naturel de ces plantes nous guide souvent pour le mode de culture à suivre et le degré de chaleur qui leur convient, et leurs dimensions nous indiquent également l'emplacement qu'elles doivent occuper.

La culture de ces belles et élégantes plantes n'est pas difficile, mais des soins assidus leur sont nécessaires en raison de leur contexture. Nous savons que certaines espèces ont pour patrie les régions chaudes ; d'autres habitent des pays et des régions dont la température est plus modérée, et enfin, les contrées froides voient aussi prospérer des fougères dont la grâce ne le cède en rien à leurs congénères. Cette particularité nous guide donc aussi pour la marche à suivre dans notre travail. En conséquence, nous avons cru devoir, pour être utile aux personnes qui désireraient se livrer à cette culture spéciale, former trois divisions distinctes :

I. — *Espèces de serre chaude*, pour les fougères tropicales ;

II. — *Espèces de serre tempérée*, pour les fougères qui demandent un degré de chaleur moins élevé ;

III. — Enfin, *Espèces de plein air*, pour les fougères qui peuvent, sans souffrir, supporter les rigueurs de nos hivers.

I

ESPÈCES DE SERRE CHAUDE.

Construction des serres. — L'art de la construction des serres étant aujourd'hui parfaitement connu, nous nous dispenserons d'entrer dans des détails à ce sujet. Il y a des constructeurs fort habiles qui peuvent, même dans un laps de temps relativement très-court, établir des serres de toutes dimensions au gré des acquéreurs.

Serres chaudes. — La forme des serres peut varier; cela dépend du goût ou de l'étendue du terrain sur lequel elles doivent être assises. Celles qui sont connues sous le nom de *jardins d'hiver* offrent à l'amateur des moyens d'aménagement très-pittoresques dont nous dirons un mot. Quant aux serres proprement dites, leur dimension doit être en rapport avec les plantes qu'elles sont destinées à abriter. La serre chaude et la serre tempérée peuvent être réunies bout à bout et séparées l'une de l'autre par une cloison vitrée garnie de portes de communication.

Les fougères ont besoin, pour prospérer, d'une lumière assez vive; par conséquent, une serre *à deux versants*, exposée perpendiculairement au midi, est celle dont nous conseillerons plus particulièrement l'emploi.

La hauteur des fougères offrant des gradations très marquées, depuis la plus petite espèce du genre *Hymenophyllum*, jusqu'aux espèces grandioses des genres *Alsophila*, *Cyathea*, etc., on conçoit facilement que si l'on veut cultiver ces dernières et les voir acquérir tout leur luxe de végétation, il est utile d'avoir une serre de 8 à 10^{m} de largeur sur 6 à 7^{m} au moins de hauteur, car, dans nos contrées, il ne faut pas espérer que les espèces gigantesques dont nous venons de parler dépassent cette limite. Quant à la longueur de la serre, elle est facultative, et dépend, comme nous l'avons dit, de l'étendue du terrain.

A l'intérieur, une tablette, large de 0^{m},70 à 0^{m},80, sera placée, à hauteur d'appui, le long des parois latérales. Si la serre est large, on disposera deux *bâches* ou encaissements dans le sens de la longueur, séparés l'un de l'autre par une allée de 0^{m},80 de largeur, ainsi que les contre-allées de droite et de gauche. Si, au contraire, l'espace est restreint, une seule bâche centrale, entourée d'une allée, suffira pour l'aménagement des plantes.

Lorsque, ce qui se rencontre fréquemment, la serre doit être adossée à un mur, on peut, à l'aide de la pierre meulière, simuler des rocailles. Toutefois, comme ces rochers ou rocailles sont destinés à recevoir des fougères, il faut, dans la construction, ménager çà et là certaines anfractuosités peu profondes, quelques petits plateaux saillants, pour recevoir la terre nécessaire à la culture des plantes qu'on a l'intention d'y mettre.

Jardin d'hiver. — Dans le jardin d'hiver, au contraire, le champ de la fantaisie et du pittoresque est plus vaste; là, au moyen de pierres meulières, on peut, avec art, simuler la nature en établissant des rochers. Le centre de la serre peut être disposé en pelouses vallonnées; des allées, des bassins, des ruisseaux, un jet d'eau dont le doux murmure viendra réjouir les oreilles, peuvent aussi apporter leur concours à l'ornement. Dans ce cas, les encaissements, exhaussés de 0^{m},15 à 0^{m},20 au-dessus du sol, seront bordés de pierres capricieusement disposées; avec ces mêmes pierres, qui sont, du reste, par leur forme et leur couleur, les plus convenables à ce genre d'ornementation, on pourra construire des grottes aux extrémités de cette serre. Par un système de tuyaux habilement disposés, on pourra faire jaillir du sommet de ces grottes de petites sources artificielles; l'eau, tombant dans des bassins ménagés à cet effet, ira se répandre au dehors par de petits ruisseaux sinueux dont le cours se frayera un passage sous les sentiers tracés aux alentours des massifs.... De nos jours, on le sait, l'art reproduit assez bien tout le pittoresque de la nature.

Chauffage. — Le chauffage est une des parties les plus essentielles de la culture des plantes en serre, et demande des soins vigilants, soit pour l'établissement des appareils, soit pour l'obtention d'un degré de chaleur convenable et régulière. Les espèces de serre chaude réclament, en hiver, une température de 15° à 20° centigrades pour le jour, et de 12° à 15° pendant la nuit.

Pour les espèces de serre tempérée, 3° à 6° sont grandement suffisants; notons, en passant, que l'expression *serre tempérée* est équivalente, pour nous, à *serre froide*. Beaucoup de personnes, acceptant cette dernière expression au pied de la lettre, ont le tort très-grand, surtout pendant l'hiver, d'abandonner la température au hasard de l'atmosphère. Nous en avons connu qui ouvraient les châssis pendant les gelées, pour *aérer* leurs serres! Autant vaut alors laisser les plantes dehors, si la serre n'est qu'un objet d'ornement et non un abri protecteur.

Le mode de chauffage le plus convenable pour les serres en général, est l'emploi du *thermosiphon*. C'est un chauffage à l'eau bouillante, au moyen de tubes ou tuyaux parcourant tout l'intérieur des serres, à l'extrémité desquelles l'emplacement du fourneau et de la chaudière d'alimentation pourra se trouver.

Disposition des tubes. — Les tubes dans lesquels l'eau bouillante doit circuler seront placés sous les tablettes latérales de la serre ou dans des galeries creusées dans la longueur des chemins et recouvertes, dans toute leur étendue, par des plaques de fonte à jour.

Dans le jardin d'hiver ou grande serre chaude, les tubes, au nombre de quatre, et circulant l'un près de l'autre tout autour de la serre, devront avoir, pour obtenir le degré de chaleur convenable, $0^{m},12$ de diamètre[1].

Pour la serre chaude de petite dimension, trois tubes de même diamètre seront indispensables de chaque côté.

Comme la serre tempérée se trouvera, ainsi que nous l'avons conseillé plus haut, séparée de la serre chaude par une simple cloison vitrée, le même thermosiphon pourra servir à les chauffer toutes deux; nécessairement on réduira, dans la serre tempérée, le nombre des tubes à trois; la température pourra se régler à volonté au moyen de clapets ou robinets destinés à arrêter l'élan de l'eau chaude ou à le modérer. Mais ceci est l'affaire du constructeur de cet excellent mode de chauffage.

Drainage. — Les encaissements destinés aux massifs, profonds de $0^{m},50$ à $0^{m},60$, devront, après leur construction, être préparés pour recevoir les plantes. A cet effet, une couche de mâchefer, ou scories de forge, des pierrailles, etc., de $0^{m},20$ d'épaisseur, sera déposée au fond, afin de favoriser l'écoulement des eaux d'arrosement; ce drainage est tout à fait essentiel. Ensuite on remplira le vide avec de la terre de bruyère

1. Ce diamètre et cette quantité de tuyaux ont été calculés pour obtenir le degré de chaleur nécessaire dans une grande serre de 8^{m} de largeur sur 6 à 7^{m} de hauteur.

tourbeuse, grossièrement divisée; ce nouveau lit pourra alors avoir $0^{m},30$ à $0^{m},40$ d'épaisseur environ.

Terre. — En raison de la contexture de leurs racines fibreuses, capillaires et extrêmement ténues dans le plus grand nombre d'espèces; en raison aussi des conditions dans lesquelles elles vivent à l'état spontané dans leurs stations naturelles, les fougères se plaisent généralement dans les détritus provenant de la décomposition des végétaux; il est, en conséquence, nécessaire de préparer pour leur culture une composition spéciale. La terre de bruyère un peu tourbeuse est celle qu'on devra choisir de préférence à toute autre; elle sera d'abord divisée grossièrement; on la mélangera, si toutefois cela est possible, avec du terreau de feuilles de pin ou de sapin pris dans les bois, et avec une certaine quantité de charbon de bois pulvérisé. Ce compost permettra alors aux fougères de se développer de la manière la plus remarquable et la plus satisfaisante. L'action du charbon de bois a la vertu d'atténuer pendant quelque temps la putréfaction de la terre.

Ventilation ou aération. — Dans la construction des serres, on a toujours soin de ménager certaines parties de châssis destinées à faire pénétrer l'air à l'intérieur. Cette mesure est de toute utilité, afin de renouveler l'air chaque fois qu'il sera nécessaire.

A partir du 15 septembre jusqu'au 15 mai, le thermosiphon devra fonctionner sans cesse; mais, chaque fois que le thermomètre extérieur marquera 6° au-dessus de 0, et que la température intérieure dépassera 20°, il sera opportun d'aérer les serres. Du 15 mai au 15 septembre, au contraire, le thermosiphon ne fonctionnant plus que dans des cas rares de froid exceptionnel, ou lorsqu'une humidité *froide* est à craindre, les châssis seront ouverts dès que le soleil aura fait monter le thermomètre intérieur à 25°. Vers quatre heures ou cinq du soir, on les fermera.

La serre tempérée exigeant bien moins de chaleur, on donnera toujours beaucoup d'air, en se méfiant toutefois des gelées.

Ombrage des serres. — Les frondes des fougères, dans la plupart des espèces, sont très-sensibles aux rayons du soleil, qui les atrophient, surtout lorsqu'elles sont cultivées sous verre. A partir de février jusqu'à octobre, il faudra, lorsque le besoin s'en fera sentir, ombrager les serres avec des claies *serrées* roulantes, des toiles, etc. On peut encore employer un moyen très-simple, qui consiste à barbouiller les vitres de la serre avec du lait dans lequel on aura délayé du blanc d'Espagne, ou avec une solution de colle de peau, de vert anglais et d'eau chaude. Cependant, nous préférons les claies roulantes, en ce qu'on peut facilement découvrir les serres à volonté et donner aux plantes une lumière plus vive et non tamisée.

Emménagement des plantes : Serre chaude. — La serre étant ainsi organisée, on procédera à l'emménagement des plantes; si la serre chaude contient deux bâches séparées par une allée centrale, les espèces arborescentes, entremêlées de celles dont le tronc ne s'élève pas, mais dont les frondes acquièrent un grand développement, seront placées sur les deux bords de l'allée centrale, de façon à former, par leur réunion supérieure, une sorte de voûte de feuillage très-élégante. Le centre des bâches recevra des fougères de moindre dimension, et, sur leurs bords extérieurs longeant les allées latérales, ainsi que sur les tablettes circulaires, on placera les espèces qui se font remarquer par la délicatesse de leurs frondes. De cette façon, le plan d'inclinaison des fougères se trouvera en rapport avec celui de la serre. Nous allons voir, par ce qui suit, la disposition pittoresque qu'on peut donner à ces belles plantes dans un jardin d'hiver, disposition dont on pourra faire son profit dans une serre à une ou à deux bâches, relativement, bien entendu, à leur surface.

Jardin d'hiver. — Les massifs du jardin d'hiver, étant préparés convenablement comme nous l'avons indiqué ci-dessus, peuvent recevoir une assez grande quantité d'espèces. Ainsi les fougères arborescentes, tels que l'*Alsophila radens*, l'*A. aculeata*, le *Cibotium princeps*, le *Cyathea excelsa*, etc., seront plantées au centre. Les espèces dont le tronc ne s'élève pas, comme les *Angiopteris*, les *Marattia*, etc., mais dont les frondes acquièrent un très-grand développement, prendront place entre les espèces arborescentes; enfin on disposera sur le devant des massifs les espèces à végétation intermédiaire: les *Adiantum trapeziforme* (pl. XVI), les *Aspidium trifoliatum* (pl. XXX), les *Cheilanthes farinosa* (pl. XXIII, les *Ceratodactylis osmundioides* (pl. XXXVIII), les *Gymnogramma calomelanos* (pl. II), les *Polypodium effusum* (pl. VII), etc.

Sur les bords des ruisseaux ou des bassins, les fougères qui recherchent l'humidité occuperont avantageusement une place : tels sont le *Didymochlœna truncatula* (pl. XXIX), le *Lonchitis hirsuta*, le *Blechnum Brasiliense*, le *Danæa Guatemalensis* et le *Diplazium giganteum*. Dans l'eau, et submergé, le *Ceratopteris thalictroides* (fig. 34) trouvera un lieu convenable à sa nature. Cette dernière plante fera un effet charmant dans un aquarium.

Les rochers seront garnis des espèces suivantes : au sommet, le beau *Polypodium aureum* aux frondes glauques garnies de sores d'un jaune doré; un peu plus bas, puis dans les parties inférieures, le *Polypodium musæfolium* (pl. XI), le *Pteris argyrea*, le *P. longifolia* (pl. XX), le *Polypodium phymatodes* (pl. VIII), le *Gleichenia microphylla* (pl. XXXV), et beaucoup d'autres espèces encore que cette position aérienne avantage beaucoup, et auxquelles ce mode de culture convient parfaitement.

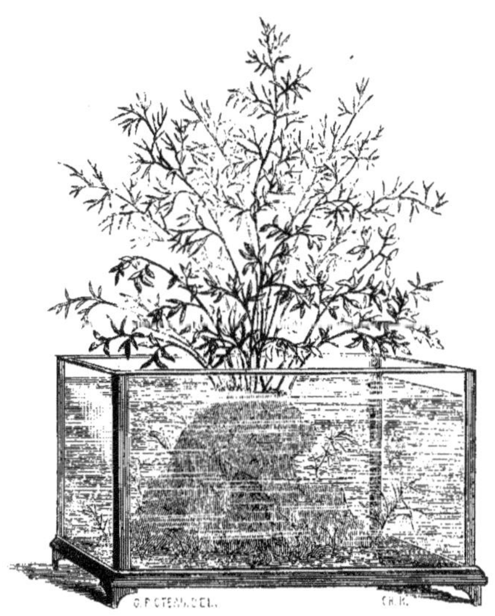

Fig. 34. *Ceratopteris thalictroides* dans l'aquarium.

Il serait bon, pour ajouter davantage au pittoresque, de planter çà et là quelques vieux troncs d'arbres à l'extrémité supérieure desquels on placerait les épiphytes bizarres, soit l'*Asplenium nidus*, cette belle fougère à frondes simples et formant une espèce de corbeille, qui croît particulièrement à l'île Bourbon dans l'enfourchure des branches d'arbres; soit de curieux *Hymenodium crinitum* (pl. XXXIII), aussi à frondes simples couvertes de poils noirs; soit encore le *Platycerium grande* (fig. 35), de Java, dont les frondes sont divisées en lanières; cette étrange fougère ressemble, par sa forme, à une coiffure de sauvage; le *Platycerium alcicorne* (pl. XXXIV),

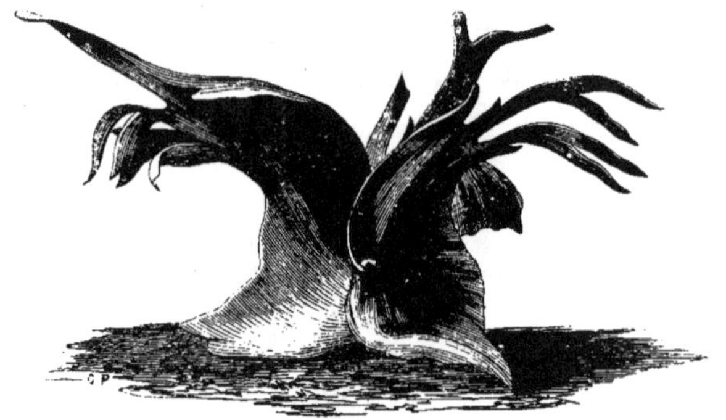

Fig. 35. *Platycerium grande.*

le *P. stemaria* (fig. 3, p. 8), peuvent aussi se disposer de la même manière, ainsi que le *Polypodium morbillosum* (pl. XII).

Pour arriver à donner un peu d'illusion naturelle dans cette sorte de disposition, les fougères seront placées au sommet de ces troncs d'arbres qu'on aura préalablement creusés, voire même dans un pot ou une corbeille de bois, ou, plus simplement encore, on déposera la souche sur le tronc, on l'y maintiendra artificiellement au moyen de clous, de fils de fer, etc., et on entourera le tout de *Sphagnum* (mousse aquatique) qu'on recouvrira de quelques espèces de *Lycopodes* ou *Sélaginelles*, dont les rameaux, en retombant gracieusement, reproduiront assez bien l'aspect de ces plantes dans la nature.

Ces mêmes troncs pourront encore être garnis, de la base au sommet, par l'*Acrostichum scandens* et le *Polypodium vacciniifolium* (pl. IX), fougères grimpantes qui s'accrochent naturellement à la surface rugueuse des écorces où elles sont accolées.

On voit donc que le possesseur d'un jardin d'hiver peut à l'envi varier les dispositions des massifs. Le *Lycopodium denticulatum* (*Selaginella*) formera des pelouses du plus brillant effet, et les *Adiantum tenerum*, *A. cuneatum* (pl. XVII), *A. assimile*, *A. pubescens* (pl. XV), *A. concinnum* (pl. XIV), pourront faire encore, par l'élégance, la ténuité et la légèreté de leurs découpures, de charmantes bordures autour de ces massifs.

Suspensions. — Les paniers, les culs-de-lampe, les suspen-

Fig. 36. Suspension garnie avec le *Gonophlebium Reinwardii*.

sions, en un mot, offrent aussi un moyen d'ornementation fort gracieux; on y cultive avantageusement les fougères à frondes flexueuses et retombantes. Telles sont, pour les serres chaudes, le *Nephrodium exaltatum* et le *N. davallioides*, le *Gonophlebium Reinwardii* (fig. 36), l'une de nos plus belles fougères,

Fig. 37. *Leptopteris superba*, cultivé sous cloche.

et en général un très-grand nombre des espèces du genre *Gleichenia* (pl. XXXV).

Culture sous cloches. — Certaines espèces, en raison de la ténuité et de la contexture de leurs frondes, ne peuvent être cultivées que sous cloches; les genres *Trichomanes*, *Hymenophyllum*, entre autres le *Leptopteris superba* (fig. 37), appartiennent à cette catégorie. Ces fougères rampantes, croissant ordinairement à l'île Bourbon, vivent dans les forêts très-ombragées et très-humides; elles s'accrochent à la surface des vieux troncs d'arbres en décomposition ou enveloppés de mousses. Les planches XL et XLI représentent ces fougères, qui sont, à l'état naturel, toutes plus jolies les unes que les autres. Pour obtenir une belle végétation des plantes de ce groupe, elles devront être cultivées dans de la terre de bruyère grossièrement divisée, mélangée avec une partie égale de *Sphagnum* vivant, à laquelle on ajoutera, en minime proportion, quelques petits morceaux de charbon et de brique concassés ; on entretiendra ce compost constamment humide, mais on aura le soin, tous les matins, d'essuyer l'intérieur de la cloche, afin que la buée qui s'attache aux parois du verre ne retombe pas en goutelettes sur les plantes. Quoique redoutant les rayons directs du soleil, il faudra cependant les placer le plus près possible du vitrage.

Nous ne nous étendrons pas davantage sur la disposition à donner aux plantes dans les vastes serres. Le frontispice de notre livre représente un assemblage confus de fougères, qui peut en quelque sorte guider l'amateur dans la disposition intérieure de la serre.

Plantes diverses à cultiver en serre chaude en compagnie des fougères. — Il y a à Paris, au Muséum et à l'Établissement horticole de la ville, des serres *spécialement* destinées à la culture des fougères. Mais certaines personnes, surtout celles qui n'ont qu'un emplacement assez restreint, trouveront peut-être assez monotone un assemblage composé exclusivement de fougères. Il est un moyen de trancher la difficulté en y introduisant des plantes à feuillage de couleur tranchante ou dont le vif éclat des fleurs viendra apporter son contingent à la richesse des fougères. Nous choisirons donc des plantes dont le genre de culture se trouvera en harmonie avec celles-là et dont l'habitat rappellera également celui qu'occupent naturellement les fougères.

En conséquence, offrons-leur la compagnie des *Dracœna terminalis* à feuilles rouges et du *Pandanus Javanicus* à feuilles panachées ; quelques *Palmiers* viendront ici lutter avec les fougères pour le port et l'élégance du feuillage. Le *Sobralia macrantha*, cette belle orchidée du Mexique et du bord des Amazones, qui vient en touffes et fleurit pendant la plus grande partie de l'année, étalera magistralement ses grandes fleurs rouges de 0^{m},10 de diamètre. Parmi les Aroïdées, le *Scindapsus pertusus;* la *Strelitzia reginæ;* les espèces du beau genre *Maranta*, dont les feuilles sont diversement colorées de rouge, de blanc et de rose; le beau feuillage de certaines espèces de *Phrynium;* les *Heliconia* à fleurs rouges et blanches, qui forment, habilement disposés, de forts jolis contrastes; le *Lycopodium cæsium-arboreum* (*Selaginella*), qui prend une extension vraiment extraordinaire, et recommandable sous tous les rapports; enfin les belles espèces grimpantes du genre *Passiflora;* l'*Hoya imperialis* à fleurs lilas en ombelle et l'*Aristolochia cordiflora*, dont les curieuses fleurs, extrêmement grandes, imitent la forme d'un bonnet phrygien et servent quelquefois de coiffures aux enfants des indigènes, compléteront ce bel ensemble de végétation.

Petites serres chaudes. — Si l'on recule devant la dépense qu'occasionnera nécessairement la disposition d'effets aussi grandioses, une serre, à deux versants également, beaucoup moins grande, suffira pour la culture des espèces de fougères dont les frondes atteignent une moins haute stature. Cette serre pourrait, par exemple, avoir intérieurement 5^{m},70 de largeur, et 3^{m},50 de hauteur. La largeur des tablettes circulaires à hauteur d'appui sera de 0^{m},80; deux allées, également larges de 0^{m},80, laisseront un passage libre autour d'une bâche de 2^{m},50 de largeur, qui occupera le milieu. Les fougères seront cultivées en pots ou en caisses, et disposées de façon à ce que la partie centrale de cette serre soit garnie des plantes les plus élevées, afin de former une espèce de massif en rapport avec l'inclinaison des versants de la serre, comme nous l'avons recommandé pour la serre à deux bâches.

Quelques espèces qui figurent dans la nomenclature des fougères de serre chaude pourraient, tels que le *Pteris longifolia* (pl. XX), le *Ceratodactylis osmundioides* (pl. XXXVIII), être cultivées dans la serre tempérée où, jusqu'à présent, elles donnaient de bons résultats; mais l'expérience nous a démontré que leur végétation est plus vigoureuse en serre chaude, et nous les y avons maintenues.

CHOIX DE FOUGÈRES POUR SERRES CHAUDES.

Espèces arborescentes.

Alsophila Cubensis.
— denticulata.
— ferox.
— Mexicana.
— nitida.
— pilosa.
Cibotium princeps.
Cyathea aculeata.
— elegans.
— excelsa.
Hemitelia subaculeata.

Espèces herbacées.

Adiantum caudatum.
— concinnum.
— encens.
— macrophyllum.
— pentadactylon.
— radiatum.
— tenerum.
— trapeziforme.
— reniforme.
Angiopteris evecta.
Aspidium Serra.
Aspidium uliginosum.
Asplenium Bellangerii.
— cicutarium.
— dispersum.
— formosum.
— laserpitiifolium.
— Mexicanum.
— nidus.
— radicans.
Blechnum Brasiliense.
— latifolium.
Cænopteris fœniculata.
Davallia pentaphylla.
— polyantha.
Dictyoglossum (Hymenodium) crinitum.
Diplazium proliferum.
— Shepherdii.
— Twaitesii.
Doryopteris alcionis.
— nobilis.
Gymnogramma dealbata.
— hybrida.
— Laucheana.
— Lherminierii.
— luteo-alba.

Gymnogramma Peruviana-argyrophylla.
— pulchella.
— Stelzneriana.
Marattia cicutaria.
— elegans.
— macrophylla.
Oleandra hirtella.
Olfertia cervina.
Platycerium grande.
— Stemaria.
Polypodium areolatum.
— pectinatum.
— repens.
— sporadocarpum.
Pteris argyrea.
— tricolor.

II

ESPÈCES DE SERRE TEMPÉRÉE.

Serre tempérée. — Nous avons dit que la serre tempérée pouvait faire suite à la serre chaude, séparée simplement par une cloison vitrée. Les espèces de fougères appartenant à cette série étant beaucoup moins nombreuses, l'étendue de la serre sera également moindre. Quant aux agencements décoratifs, ils seront les mêmes que pour la serre chaude, tout en changeant cependant la disposition des sites, afin d'éviter les répétitions ou la monotonie.

Espèces à cultiver en serre tempérée. — Les espèces arborescentes qui se plaisent dans la serre tempérée sont : le *Dicksonia Antarctica* (ou *Balantium*) (pl. LII), superbe fougère à stipe très-gros, couvert dans toute sa longueur d'une couche épaisse de racines adventives et se terminant par une couronne de frondes d'une beauté remarquable, comme l'indique la figure 38 ; l'*Alsophila Australis* (pl. LV) et le *Cyathea dealbata* (pl. LIV), aux frondes gigantesques ; le *C. medul-*

laris (pl. LIII), dont la moelle sert de nourriture aux habitants de la localité où vit cette belle espèce.

Entre ces fougères arborescentes pourront prendre place les espèces à grandes frondes, à souches peu élevées ou à rhizomes épigés ou hypogés, telles que le *Pteris esculenta*, comestible à la Nouvelle-Hollande, et dont la végétation est luxuriante ; cette

Fig. 38.

espèce ressemble, par son port, au *Pteris aquilina*, la grande fougère de nos bois. Nous y joindrons le *Lastrea patens*, l'*Aspidium decursive-pinnatum*, le *Todea africana*, qui se recommandent par l'amplitude de leurs frondes. Le *Pteris vespertilionis* (pl. XLIV), le *Davallia pixidaia*, le *D. Canariensis*, (pl. LI), l'*Asplenium præmorsum* (pl. XLVII), l'*Aspidium falcatum* (pl. XLVIII) et l'*A. coriaceum* (pl. XLIX), etc., pourront très-avantageusement aussi trouver place dans ces massifs, où ils seront groupés par ordre de taille.

Sur les rochers, l'*Adiantum capillus-Veneris* (pl. LVIII) fera un bon effet et s'emparera bientôt de toutes les parties crevassées, pourvu toutefois qu'il y trouve une humidité constante. Cette fougère est très-rustique et très-jolie ; on l'emploie fréquemment pour garnir les surtouts de table (fig. 7, p. 17), et elle fait ressortir avantageusement les fleurs auxquelles elle sert d'entourage. Dans les pochettes ou fissures préparées à l'avance, on placera le *Cheilanthes microphylla*, le *C. lentigera ;* le *Davallia Canariensis* (pl. LI), croîtra parfaitement aussi dans cette condition, ainsi qu'une foule d'autres espèces.

Le *Lygodium Japonicum* (pl. LVII) est d'une grande ressource pour garnir les treillages ou les colonnes, autour desquelles cette fougère enroule ses frondes pour se soutenir.

Le *Platyloma flexuosa* (pl. XLIII) trouvera sa place dans un cul-de-lampe ou suspension, ses frondes, comme l'indique son nom, étant très-flexueuses.

Si, comme dans la serre chaude, de vieux troncs d'arbres servent d'accessoire, ils prêteront particulièrement leur appui au *Cibotium Schiedei*, au *C. glaucescens* et au *Woodwardia radicans ;* cette dernière et très-élégante fougère, pour laquelle nous avons fait faire un dessin spécial, d'après nature, dans l'une des serres du jardin du Luxembourg, offre, par son port majestueux, un grand parti au point de vue ornemental, et mérite une place d'honneur dans une serre bien tenue (fig. 39).

Voici la nomenclature d'une certaine quantité d'espèces de

fougères dont nous conseillerons l'emploi dans la serre tempérée :

CHOIX DE FOUGÈRES POUR SERRES TEMPÉRÉES [1].

Espèces arborescentes.

* Dicksonia Antarctica.
* Alsophila Australis.
* Cyathea dealbata.
* — medullaris.
* — Smithii.

Espèces herbacées.

Adiantum Chilense.
— capillus-Veneris.
— fulvum.
— setulosum.
* Aspidium proliferum.
— quinquangulare.
— Shepherdii.
Asplenium axillaris.
— caudatum.
— dimorphum.
— fragrans.
— furcatum.
— lucidum.
— monanthum.
— Otites.
* — præmorsum.
Blechnum cognatum.
— hastatum.
Cheilanthes frigida.
* — lentigera.
* — micromera.
— multifida.
— viscosa.
Cibotium culcita.
* — glaucescens.
Cyrtomium falcatum (Asplenium).
Davallia pulchella.
* — pixidata.
Hypolepis distans.
— Dicksonioides.
Lastrea acuminata.
— elongata.
— opaca.
— patens.
* Lomaria Chilensis.
— discolor.
— gibba.
— falcata.
— fluviatilis.
— Gilliesii.
Microlepis scabra.
— strigosa.
Nephrodium molle-corymbiferum.
* Onychium Japonicum.
* Platyloma falcata.
* — rotundifolia.
Pleopeltis lepidota.
— stigmatica.
— squamulosa.
Polypodium appendiculatum.
— Billardieri.
— Cunninghamii.

1. L'astérisque placé devant les noms indiquent les fougères de serre tempérée qui, pendant l'été, peuvent être cultivées en plein air, plantées isolément ou par groupes sur des pelouses.

Polystichum flexuum.
— frondosum.
— triangulum.
— vestitum.
Pteris arguta.
* — allosurus.
— scaberula.
— serrulata.
— — cristata
— umbrosa.
— vespertilionis.
Todea rivularis.
* Woodwardia radicans.
* — Orientalis, etc., etc.

Plantes diverses à cultiver en serre tempérée en compagnie des fougères. — Nous conseillerons aux personnes qui désireraient ajouter aux fougères de serre tempérée des plantes d'une autre nature, afin d'avoir une certaine variété comme couleur et comme feuillage, l'emploi des plantes suivantes. Ici le choix est grand et nous ne mentionnerons que celles qui offrent un certain intérêt.

Quelques *Camellia* feront bon effet; le *Luculia gratissima,* dont les bouquets de fleurs, assez semblables à celles de l'*Hortensia*, répandront dans la serre une odeur des plus suaves; le *Rhododendrum Javanicum* tranchera par son feuillage et ses charmantes fleurs jaune orange; les *Acacia* ou *Mimosa* de la Nouvelle-Hollande, et quelques variétés d'*Azalées* en pots sur les tablettes, égayeront les yeux. Quant aux plantes grimpantes, on pourra choisir le *Solanum jasminoides*, les espèces du genre *Kennedya*, les *Lapageria rosea* et *alba*, le *Clematis indivisa-lobata;* le *Bignonia speciosa* à fleurs bleues; le *Rhynchospermum jasminoides*, qui se couvre de fleurs blanches très-odorantes; enfin, le *Tropæolum Lobbianum* (Capucine de Lobb), aux fleurs de couleur orange : on laisse vagabonder les rameaux de cette plante le long de la toiture de la serre, d'où ils retombent en guirlandes gracieuses.

Arrosements. — Nous avons attendu jusqu'à présent pour parler des arrosements, car cette opération joue un des plus grands rôles, nous pouvons même dire le plus important, dans la culture des plantes en général et des fougères en particulier; c'est pourquoi il nous semble utile de nous étendre davantage sur ce chapitre intéressant au point de vue horticole.

La plupart des fougères se trouvent dans les endroits où règne une humidité plus ou moins abondante; quelques espèces épiphytes vivent çà et là sur le tronc des arbres ou sur la crête des vieux murs; tels sont, par exemple, en France, le *Polypodium vulgare*, le *Ceterach officinarum*, l'*Asplenium ruta-muraria*, l'*A. septentrionale*, l'*A. trichomanes*, etc. Ces espèces peuvent supporter et supportent même de très-grandes sécheresses, au point que les frondes s'enroulent, se crispent et semblent mortes; ce fait se présente assez fréquemment pendant les mois de juillet, d'août et de septembre. Mais, chose remarquable, aux premières pluies d'automne, toutes les frondes de ces fougères se déroulent, se détendent et reprennent leur physionomie naturelle.

Mais il n'en est pas de même du plus grand nombre, surtout lorsqu'on les soumet à la culture; à la moindre sécheresse, elles périssent souvent, ou tout au moins les racines se détériorent en partie, les frondes se dénudent et la plante reste maladive et languissante pour bien longtemps; c'est le cas particulier des espèces arborescentes.

L'expérience nous a appris que les racines des fougères absorbent beaucoup d'humidité par des organes qui, en se desséchant, ne peuvent plus recouvrer leurs fonctions aspirantes. Nous appellerons donc d'une manière toute spéciale l'attention des amateurs sur ce point important. Ainsi, pour les espèces de serre chaude cultivées en pots, en bacs ou en caisses, il est important de faire chaque jour une visite pour donner de l'eau à toutes celles qui en ont besoin, ce qui est très-facile à reconnaître à la teinte blanchâtre que prend la terre de bruyère à sa surface lorsqu'elle se dessèche ; quelquefois aussi ce caractère s'apprécie à la couleur blanche des pots, dont la porosité favorise le desséchement de la terre qui les entoure ; mais il faut pour cela un œil très-exercé.

Pour donner une idée de l'utilité des arrosements et surtout de la manière intelligente dont ils doivent être pratiqués, anticipons un peu sur la marche de notre travail, et supposons que le moment favorable pour la sortie des fougères qui peuvent vivre en plein air soit arrivé. Nous remarquerons alors, en les dépotant, que les racines ont pris un grand développement et que, arrêtées dans leur évolution par les parois intérieures des pots, elles se sont agglomérées au point de former une couche épaisse et compacte. Que fera alors l'amateur non prévenu ? Il plantera ses fougères dans les trous préparés, comblera les vides avec de la terre fraîche, et enfin donnera de copieux arrosements ; puis il attendra l'avenir avec confiance. Or, voici ce qui arrivera : l'eau d'arrosage rencontrera l'agglomération, le tissu de racines qui lui fera obstacle, et, laissant celles-ci de côté, pénétrera vivement dans la terre fraîchement remuée, ne laissant aux environs des racines qu'une humidité très-restreinte, suffisante cependant pour donner pendant quelques jours une vie apparente aux plantes. Mais le chevelu proprement dit, au centre duquel il reste toujours un peu de terre, se dessèche ainsi que les radicelles ; ces dernières ne pouvant plus absorber, se contractent, les vieilles frondes se crispent, les crosses se courbent, et, à ces pronostics, on s'empresse d'arroser de nouveau parce qu'on suppose que les plantes ont besoin d'eau. Mais il est trop tard ! Cependant un peu d'humidité ayant pénétré dans la souche, les frondes et les crosses reprennent quelque vigueur. Trois, quatre jours se passent ainsi ; peu à peu les frondes jaunissent, puis deviennent noires, périssent et les crosses s'atrophient. Que s'est-il donc passé ? Les canaux desséchés des racines, ne fonctionnant plus, se sont en quelque sorte noyés.

Donnons donc de suite un conseil à ce sujet. Quand on met des fougères en pleine terre, il faut, après cette opération, faire au pied de chaque plante une cuvette en cône renversé, proportionnée à la force du sujet ; de cette façon, l'eau pénètre à l'intérieur par le pied même de la plante. On arrosera abondamment pendant quelques jours, afin que toute la masse du chevelu des racines soit bien imbibée. Moyennant cette précaution, de nouvelles radicelles se développeront, et la plante prospérera avec vigueur. Les arrosages devront ensuite être en rapport avec les besoins des plantes et l'état de l'atmosphère. On s'assurera de l'humidité constante de la terre en y pratiquant de petits sondages d'une certaine profondeur.

Nous faisons les mêmes recommandations pour les fougères cultivées en pots ou en caisses qui ont subi le rempotage.

Après cette digression, reprenons les notions préliminaires.

Il tombe sous le sens que, plus une plante prend de l'accroissement, plus elle est exigeante, puisque les racines suivent une même progression. Si l'on doute des besoins d'une plante, il ne faut pas craindre de la renverser et de la dépoter, si toutefois ses dimensions le permettent. Quoi qu'il en soit, on peut arroser une, deux, trois fois de suite s'il est nécessaire : les fougères sont gourmandes. Il faut que toute la terre qui les supporte soit imbibée d'eau jusqu'à sa base. Cependant, par un excès de précaution quelquefois nuisible, il ne faut pas que cette humidité soit trop surabondante et que les racines baignent littéralement dans l'eau ; ce serait arriver à l'abus. Il n'y a que quelques espèces seulement qui vivent dans de telles conditions. Il est donc utile de connaître le tempérament des plantes que l'on cultive pour régler leur nourriture d'après leurs besoins.

Les fougères vivant en pleine terre dans la serre chaude se développent beaucoup plus vigoureusement que celles qui sont cultivées en pots ou en caisses, et elles demandent une plus grande quantité d'eau. Tous les trois ou quatre jours, on donnera de copieux arrosements qui devront pénétrer, comme nous l'avons dit tout à l'heure, non autour des racines, mais bien jusque dans la partie centrale.

Nous savons que beaucoup d'espèces arborescentes émettent, dans toute l'étendue de leur stipe ou tronc, une quantité considérable de racines adventives, qui forment une couche plus ou moins épaisse. Il faut, pour obtenir de ces plantes une luxuriante végétation, entretenir leur tronc constamment humide par des bassinages journaliers, au moyen d'une petite pompe à main destinée à cet usage.

Dans la serre tempérée, l'évaporation a lieu moins rapidement. Il en résulte que les fougères qu'on y cultive absorbent conséquemment moins d'humidité ; notons en passant que l'air ambiant dessèche aussi bien la terre que les plantes; en effet, celles-ci absorbent par en bas l'eau qu'elles puisent dans le sol, et la rendent par en haut au moyen de pores ou *stomates* dont est criblée la surface de leur épiderme. Car, on le sait, toutes les plantes *transpirent*. Néanmoins, on ne devra pas négliger la surveillance, dont le moindre écart ici peut amener les mêmes dommages. Les arrosements seront moins fréquents et moins abondants, mais l'humidité devra toujours être constante.

Les rochers, les troncs d'arbres supportant des fougères et des lycopodes seront sans cesse tenus frais au moyen de seringages. La quantité de terre faisant vivre les plantes placées dans ces conditions étant relativement minime, on concevra sans peine qu'elle offre plus de chances de dessèchement.

Il en est de même pour les culs-de-lampes, suspensions, etc., qui, entourés d'air de toutes parts, demandent par cela même des soins vigilants.

Somme toute, de l'humidité, et encore de l'humidité.

Nous avons fait connaître tout à l'heure les fâcheux désastres qui pouvaient survenir parmi les plantes de serre destinées à passer l'été sur les pelouses ou en fougeraies ; inutile de revenir sur ce chapitre, puisque nous voilà suffisamment éclairés sur le mode d'arrosage à suivre pour arriver à une belle et bonne culture.

REMPOTAGE.

Le rempotage est une opération qui consiste à mettre les plantes *dans des pots plus grands* au fur et à mesure qu'elles prennent de l'accroissement, opération qui se renouvellera jusqu'à ce que celles-ci aient atteint définitivement leur entier développement. Arrivées à cette limite, le rempotage aura lieu alors annuellement *dans les mêmes pots*. Ce travail, fort simple en réalité, demande pour les fougères certaines précautions, en raison du port particulier du plus grand nombre.

Il n'y a pas d'époque vraiment précise assignée au rempotage. Il se fait lorsque les racines, par suite de leur agglomération, sont comprimées le long des parois du pot, ou qu'une cause maladive de la plante est apparente, ou quand la terre s'est décomposée avant d'être envahie par les racines. Ce dernier cas est facile à apprécier par l'inspection intérieure du pot ; la terre, noire et boueuse, est acide et exhale une odeur que les jardiniers reconnaissent de suite. « La terre a suri, » disent-ils.

Nous diviserons ainsi les fougères, selon le caractère qu'elles présentent, afin de donner plus de clarté à notre démonstration :

I. Espèces arborescentes (*Alsophila aculeata*, *Dicksonia Antarctica*, etc.);

II. Espèces sous-arborescentes ou buissonneuses (*Diplazium seramporense*, *D. proliferum*, etc.);

III. Espèces herbacées :

1° A caudex ou à souche dressée (*Gymnogramma Tartarea*, *Pteris argyrea*, *Struthiopteris Germanica*, etc.);

2° A caudex globuleux et écailleux (*Angiopteris evecta*, *Marattia Kaulfussii*, etc.);

3° A rhizomes hypogés ou tiges rampantes sous le sol (*Aspidium molle*, *Adiantum formosum*, *Pteris aquilina* et *P. esculenta* (fig. 40), etc.);

Fig. 40. Rhizome hypogé du *Pteris esculenta*.

4° A rhizomes épigés ou souches rampantes à la surface du sol (*Polypodium aureum* (fig. 41), *P. phymatodes*, etc.);

Fig. 41. Rhizome épigé du *Polypodium aureum*.

5° A rhizomes stolonifères (*Nephrolepis* et *Struthiopteris*);

6° A touffes cespiteuses ou gazonnantes (*Adiantum cuneatum*, *Pteris serrulata*, *Cheilanthes lentigera*, etc.).

I. — Espèces arborescentes.

Les fougères de ces espèces donnent naissance, nous l'avons déjà dit, à une quantité prodigieuse de racines qui atteignent une certaine longueur. Cultivées en pots et dans de bonnes conditions atmosphériques, ces racines ne tardent pas à envahir le peu d'espace qu'elles ont à leur disposition, et forment par conséquent une couche épaisse qui demande de l'espace pour vivre. Lorsqu'elles seront arrivées à ce point, on les dépotera; on se bornera tout simplement à faire tomber, à l'aide d'un petit bâton pointu, la vieille terre qui recouvre supérieurement le chevelu, ainsi que les quelques pierrailles qui servaient de drainage. On se gardera bien d'endommager les racines. On procédera ensuite au rempotage, qui consiste à placer la plante dans le pot plus grand préparé à cet effet et préalablement garni au fond d'un drainage et d'une certaine quantité de terre destinée à asseoir le chevelu ; la plante, déposée sur ce fond, devra se trouver en contre-bas du pot d'au moins 0^m,02-03-04, afin de conserver les eaux d'arrosement. On glissera de la terre entre le chevelu et les parois du pot en la foulant avec un morceau de bois ou une spatule, au fur et à mesure qu'elle glissera au fond.

Si, au contraire, la plante a souffert et n'a pas végété, on la dépotera, on nettoiera le chevelu en enlevant la mauvaise terre qui se trouve entre les racines, comme il a été dit ; enfin, on la mettra dans un pot plus petit, s'il est nécessaire.

II. — ESPÈCES SOUS-ARBORESCENTES OU BUISSONNEUSES.

Les fougères de ce groupe sont le passage des espèces arborescentes aux espèces herbacées, c'est-à-dire que les stipes ont depuis 0^m,30 de hauteur jusqu'à près de 1^m. Le genre *Diplazium* nous offre ce caractère. Avant de procéder au rempotage, il faut enlever avec un couteau bien tranchant toutes les racines qui se sont amoncelées autour et le long des parois intérieures du vase ; puis, au moyen de la spatule, désagréger la terre compacte qui fait corps avec le chevelu, pour favoriser l'adhérence de la nouvelle terre avec ce dernier. On rempote ensuite la plante comme il a été dit plus haut.

III. — ESPÈCES HERBACÉES.

1° Espèces à caudex ou à souche dressée. — Toutes les espèces qui suivent sont herbacées; en général, le rempotage se fait, relativement au passage d'un pot dans l'autre, de la même manière, c'est-à-dire que les soins à donner et les précautions à prendre varient peu. Nous ne parlerons donc que des particularités propres aux diverses espèces. Dans celles qui nous occupent, les caudex s'élèvent en raison de l'accroissement des plantes et, par leur poids, s'inclinent fortement; de leur côté, les racines nouvelles, partant du caudex qu'elles entourent, pénètrent dans le sol à côté des anciennes racines; ces dernières pourrissent et laissent un vide souterrain; le *Gymnogramma calomelanos* et quelques espèces du genre *Aneimia* en offrent un exemple frappant. Lorsque les fougères présentent ce caractère, il est temps de procéder au rempotage. On retranche une partie des racines exubérantes, ensuite on rempote la plante avec les précautions indiquées, et de manière à ce que la terre recouvre complétement les nouvelles racines, jusqu'au sommet du collet, afin de rétablir les caudex dans leur position verticale.

2° — Espèces à caudex globuleux et écailleux. — Les *Marattia*, les *Angiopteris*, etc., émettent des racines relativement assez grosses. Le rempotage de ces fougères n'a rien de particulier; il suffit de faire tomber une partie de la terre adhérente aux racines, tout en ménageant celles-ci autant que possible.

3° et 4° — Espèces à rhizomes hypogé et épigé. — Dans ces espèces, les rhizomes atteignent rapidement le bord des pots. Il sera donc nécessaire de retrancher soit par la moitié, soit même par le quart, la partie inférieure des rhizomes des plantes qui nous offrent ce caractère, parce que, dans un grand nombre d'espèces, la partie inférieure des rhizomes se détruit, ce qu'on remarque dans le *Pteris aquilina;* la portion du sol qui soutient ce rhizome et son chevelu disparaîtra en même temps. On placera ensuite le restant de la terre qui supporte la plante de manière à ce que l'extrémité supérieure respectée des rhizomes occupe le milieu du pot. On aura soin toutefois de ménager une hauteur de $0^{m},02$ à $0^{m},04$ entre la surface du sol et le bord du vase, dans le but de circonscrire les rhizomes, qui, dans bon nombre d'espèces (entre autres le *Polypodium pustulatum*, le *P. aureum*, le *P. phymatodes*, etc.), prennent une extension assez rapide; cette disposition leur permettra alors d'évoluer circulairement le long des parois intérieures du pot, et, en outre, favorisera l'arrosage.

5° — **Espèces à rhizomes stolonifères.** — Les *Nephrolepis* développent des rhizomes stolonifères qui prennent beaucoup d'extension, et vont, en rampant, porter au loin, et de distance en distance, leurs organes reproducteurs; c'est ainsi qu'à Madagascar particulièrement ces plantes épiphytes envahissent les forêts; les *Struthiopteris* émettent également de pareils rhizomes, dont les bourgeons stolonifères souterrains se développent souvent à 1^{m} de la souche. On procédera, pour le rempotage, de la manière indiquée pour les espèces précédentes, c'est-à-dire qu'on enlèvera à celles-ci tous les rhizomes stolonifères pour donner plus de force aux caudéx.

6° — **Espèces à touffes cespiteuses.** — Les racines des espèces cespiteuses ou gazonnantes sont pour la plupart, plus ou moins nombreuses et généralement ténues. On se bornera à retrancher tout autour de la touffe le chevelu abondant qui s'y trouve et à faire le rempotage dans un pot bien drainé.

OBSERVATION ESSENTIELLE.

Pour rempoter une plante, quelle qu'en soit l'espèce, il faut d'abord *tremper toute la partie radiculaire dans l'eau*, pour qu'elle s'y imbibe complétement, *si toutefois elle est sèche au moment du rempotage*. Sans cette précaution, les arrosements ne produiront aucun effet, parce que l'eau, comme nous l'avons déjà dit, se précipitera dans la terre nouvellement ajoutée, et délaissera sans nul doute la partie qu'elle est chargée de fortifier. De là le dépérissement rapide des plantes et bientôt leur mort.

III

ESPECES DE PLEIN AIR.

Fougeraie ou fougères de plein air. — Lorsqu'on possède une certaine étendue de terrain, il est facile d'obtenir, avec des massifs de fougères, des sites très-agréables, car ces belles plantes, par leurs formes élégantes, se prêtent merveilleusement à la décoration en mariant leur feuillage aux plantes environnantes.

Le choix de l'emplacement, pour établir une fougeraie, a son importance ; le premier endroit venu peut ne pas être convenable. La partie d'un parc ou d'un jardin abritée par de hauts murs, ou par des arbres de haute futaie, devra particulièrement attirer l'attention. Quoiqu'un grand nombre de fougères ne puissent supporter les rayons du soleil, le terrain qu'on choisira ne sera pas tellement dépourvu des rayons bienfaisants de cet astre qu'on n'y puisse trouver une place convenable pour les plantes qui aiment cette position.

L'emplacement étant trouvé, il faudra préparer le terrain destiné à recevoir la plantation. Nous agirons ici comme nous l'avons fait dans les serres : drainage au fond, recouvert d'un compost convenable pour asseoir les fougères ; l'ornementation, suivant le goût du propriétaire, sera également en rapport avec l'étendue dont on disposera ; ainsi : massifs entourés d'allées, ruisseaux et rochers, cascatelles, etc., viendront, réunis, apporter leur contingent d'élégance et de fraîcheur. M. Verlot, jardinier en chef à l'École de botanique du Jardin des Plantes de Paris, a bâti, avec toutes sortes de matériaux, un rocher sur lequel des fougères végètent d'une manière remarquable ; nous ne pouvons mieux faire que de conseiller aux amateurs à proximité de Paris de prendre modèle sur cette fougeraie, sous le rapport de la disposition et sous celui de la culture des plantes qui y prospèrent.

Il importe, on le comprendra, que la fougeraie soit légèrement en pente, mais de telle sorte, cependant, que chaque petite partie supportant une plante reste horizontale et un peu en cuvette entre les fragments de roche, afin que les eaux d'arrosement y soient retenues et remplissent leur office. Les plus grandes espèces devront occuper l'arrière-plan, les moins élevées le premier ; de cette façon toutes les plantes seront en vue.

Les espèces cultivées ainsi sur des rochers demandent l'ombre constante et une grande humidité, particulièrement de onze heures à trois heures.

Les fougères cultivables en plein air peuvent, par leur contexture, supporter, sous notre climat, les hivers les plus rigoureux. Il en existe un assez grand nombre d'espèces ou variétés toutes plus jolies les unes que les autres. Disposées avec art par groupes isolés sur les pelouses, elles contribuent grandement à orner nos jardins. Quelques-unes, en raison de leur beau développement pourront être plantées isolément. Quoique, en général, ces fougères vivent à l'état spontané dans les parties de bois abritées des rayons du soleil, elles préfèrent, *étant cultivées,* une exposition peu ombragée.

Notre collègue, M. André, nous a déjà fait voir tout le parti qu'on peut tirer des fougères en plein air, et a même annexé un plan à sa brillante description. Nous allons ajouter encore quelques espèces à la nomenclature qu'il en a donnée et que l'on complétera aisément.

Le *Struthiopteris Germanica* (pl. LX), l'*Aspidium aculeatum* (pl. LXVI), l'*A. filix-mas* (pl. LXVII) et l'*Asplenium filix-fœmina*, forment, plantés isolément, un charmant effet.

L'*Osmunda regalis* (pl. LXXV) ou fougère fleurie, vivant dans les endroits les plus humides, le pied dans l'eau, occupera naturellement une place avantageuse sur le bord des bassins et des ruisseaux.

Les espèces vivant à l'état spontané sur les vieilles murailles garniront les rochers factices; tels sont le *Polypodium vulgare* et ses variétés; le *P. Cambricum*, le *P. Robertianum* (pl. XLIX), le *P. Alpestre,* le *P. dryopteris*, le *Scolopendrium officinarum* et toutes ses variétés; le *Cystopteris bulbifera* (pl. LXXIV), le *C. fragilis*, le *Ceterach officinarum*, l'*Asplenium adiantum-nigrum*, l'*A. trichomanes*, le *Polystichum lonchitis*, etc., etc.

Le *Dicksonia Antarctica* (pl. LII et fig. 38), le *Cyathea medullaris* (pl. LIII), ainsi que le *C. dealbata* (pl. LIV), et l'*Alsophila Australis* (pl. LV), sont des espèces arborescentes qui peuvent, comme il a été dit plus haut, parfaitement se cultiver en pleine terre dans une serre tempérée ou dans un jardin d'hiver, dont elles font le principal ornement. Leur rusticité permet de les exposer au plein air, pendant l'été, sous les rayons mêmes du soleil, pour orner les pelouses de gazon. Livrées à la pleine terre, ces fougères développent des frondes qui prennent des dimensions considérables. Le *Cibotium glaucescens*, à souche rampante, possède toutes les apparences grandioses d'une fougère arborescente, et forme un charmant effet placé isolément. Cette opération peut se faire à partir du 15 mai. Certaines précautions seront nécessaires pour la mise en terre. Il faudra préparer un trou de quelques centimètres plus grand, dans tous les sens, que le volume de la terre supportant la plante. Au fond de ce lit, préalablement drainé, on devra mettre une couche de terre de bruyère convenablement préparée, de $0^m,12$ à $0^m,15$ d'épaisseur. On dépotera la plante avec précaution pour ne pas endommager les racines, et on la déposera sur cette couche; on fera descendre, tout autour du chevelu, de la terre qu'on tassera avec un bâton, et on terminera la plantation en ménageant, au pied de la plante, une surface concave pour recevoir l'eau d'arrosement.

Quelques espèces herbacées de la serre tempérée peuvent aussi être sorties pour former des groupes en plein air autour des fougères arborescentes. Celles qui se prêtent le mieux à ce genre de décoration sont l'*Asplenium furcatum* à l'arrière-plan; l'*Onychium Japonicum* au deuxième, et enfin, au premier plan, on pourra employer, comme bordure, le *Cheilanthes lentigera*, charmante espèce.

Si on veut faire ressortir avantageusement ces fougères, on pourra employer, comme entourage, des plantes à feuillage blanc, tels que le *Cerastium grandiflorum*, l'*Alyssum maritimum variegatum*, etc.

Arrosements. — Lorsque la fougeraie est établie et que les plantes de serre ont été mises en plein air, les soins réclamés sont les mêmes que ceux qu'on donne en serre.

Des arrosements abondants seront faits pendant toute la période active de la végétation, c'est-à-dire depuis la fin du mois d'avril jusqu'à la fin du mois de septembre et quelquefois au delà. Les espèces cultivées sur rocailles exigent d'autant plus d'eau qu'elles sont placées dans des conditions où l'évaporation est très-active. Certaines espèces, comme l'*Osmunda regalis*, par exemple, qui vivent habituellement dans les marais tourbeux et humides, demandent à être fréquemment arrosées. Aussi, lorsque l'on veut obtenir de belles touffes de cette fougère, n'arrive-t-on à ce résultat qu'en les arrosant au moins trois fois par semaine et abondamment.

Rentrée en serre. — A l'approche des froids, dans la première quinzaine d'octobre, on songera à rentrer les fougères qui ne peuvent supporter les rigueurs de l'hiver. On procédera donc au déchaussement des plantes en ayant soin de les approprier immédiatement aux pots ou aux caisses qui doivent les recevoir, pour cela, on fera soigneusement tomber, avec une spatule de bois, la terre et les racines surabondantes, qui sont d'ailleurs très-tendres, puis on procédera au rempotage ou à l'encaissage. De copieux arrosements devront suivre cette opération.

OBSERVATIONS GÉNÉRALES.

Pendant l'été, des bassinages fréquents devront être donnés dans les serres chaudes et tempérées; ils devront être plus modérés pendant l'hiver. En faisant cette opération, on se gardera de mouiller les frondes des fougères *aurifères* et *argentifères*, dont la matière pulvérulente, leur plus bel ornement, se détacherait et disparaîtrait.

On en donnera peu ou point, pendant l'hiver, dans les serres tempérées.

On répandra de l'eau avec abondance dans les allées des serres chaudes, principalement en hiver lorsqu'on chauffe, ainsi que sur les tablettes sur lesquelles sont déposés les pots.

Les châssis d'aération et de ventilation seront ouverts chaque fois que l'état atmosphérique extérieur le permettra.

On devra souvent visiter les plantes, et pratiquer des lavages sur les frondes ou parties de frondes, pour détruire les *Coccus adonidum*, les *Kermès*, et surtout les *Thryps*, qui font des ravages considérables en détruisant l'épiderme de la face supérieure et inférieure des pennulines; tous ces insectes malfaisants se propagent avec une très-grande rapidité.

Tous les trois ans enfin, on renouvellera la surface de la terre de bruyère pour les espèces cultivées en pleine terre, soit en serre, soit à l'air libre.

SOINS A DONNER AUX FOUGÈRES DANS LES APPARTEMENTS.

Non-seulement ces jolies plantes se cultivent dans les serres et en plein air, mais encore elles contribuent, par leur grâce, à orner l'intérieur des salons. Ici, il n'y a pas de culture; ce sont de petits soins journaliers devant lesquels les dames, les demoiselles même, ne reculent ordinairement pas. L'aspect, l'étrangeté, la délicatesse de quelques espèces attirent l'attention, et, malgré soi, on remet dans la bonne voie celles qui s'en écartent, on rétablit la symétrie de certaines autres, et on arrive quelquefois à se passionner pour son petit jardin en miniature.

Plusieurs espèces, par leur rusticité, peuvent supporter la vie domestique des appartements, mais à la condition toutefois de voir le jour le plus possible, de recevoir l'air vivifiant du dehors, choses essentielles à tout être vivant retenu prisonnier.

Les plantes destinées à garnir l'intérieur des salons seront placées, sans être dépotées, dans les jardinières ou corbeilles qui leur sont destinées ; les pots seront entourés de mousse *non teinte*, et l'emplacement choisi devra être l'embrasure d'une fenêtre.

Dans les appartements, l'évaporation se fait assez vite ; il en résulte un desséchement actif qu'il faut prévenir par une surveillance attentive et des arrosements fréquents. La poussière envahit très-vite les frondes, sur lesquelles elle ne tarde pas à former une couche épaisse, contraire à la santé des végétaux. Pour éviter ce désagrément, on enlèvera, tous les matins, cette poussière avec un petit plumeau léger ; une ou deux fois par semaine, les frondes ténues des *Adiantum cuneatum* (pl. XVII), etc., recevront un bassinage ; mais pour les espèces dont les frondes sont longues et larges, on emploiera une éponge fine imbibée d'eau, qu'on passera légèrement sur les parties de la plante couvertes de poussière.

Une température intérieure de 4 à 8° suffira pour les plantes sortant des serres tempérées ; mais, pour les espèces de serre chaude, 10 à 15° au moins seront nécessaires. On évitera les rayons trop directs du soleil en abaissant les rideaux de mousseline des fenêtres en temps opportun, ou, si les plantes se trouvent devant une glace sans tain, on descendra un store ou un écran préparés à cet usage. Pendant l'hiver, on évitera avec soin les courants d'air froid, qui certainement occasionneraient quelques désordres graves parmi ces plantes.

Serres d'appartement. — Aujourd'hui, la mode a introduit dans les salons de petites serres dites *serres d'appartement*, dans lesquelles on peut cultiver des espèces naines; mais comme les plantes qu'on y introduit végètent, par rapport à l'étendue de la serre, dans des pots fort petits, il est nécessaire

Fig. 42. Serre d'appartement garnie de fougères.

de faire une visite journalière pour arroser en cas de nécessité. Pour maintenir l'humidité, il est bon d'en garnir le fond d'un sable très-fin ou de *Sphagnum*. De temps à autre, on donne de l'air à l'intérieur de cette serre, qui, pour voir prospérer avantageusement ses petits hôtes, doit être placée en pleine lumière.

CHOIX DE FOUGÈRES POUR APPARTEMENTS[1].

Adiantum pubescens.
— cuneatum.
Asplenium præmorsum.
Aspidium Ottonianum.
— molle.
— coriaceum.

1. MM. Thibaut et Keteleer, Lüddemann, Chantin et Lierval, horticulteurs, sont à même de satisfaire les amateurs par le grand nombre d'espèces de fougères qu'on peut trouver chez eux.

Aspidium violasens.
Davalllia Canariensis.
Lomaria gibba.
— spicans.
Onychium Japonicum.
Polypodium phymatodes.
— sporadocarpum.
Pteris serrulata.
— longifolia.
— cretica.
— — albo lineata.
Pteris arguta.
Scolopendrium officinarum et ses nombreuses variétés, etc.

Fougères pour serres d'appartement.

Adiantum setulosum.
— cuneatum.
— capillus-Veneris.
Pteris serrulata.
— cretica.
— — albo-lineata, etc.

Pour faire pendant à cette serre, l'*aquarium d'appartement* offrira de bonnes conditions; mais cependant, il ne faudra pas ici compter, comme dans la serre chaude, sur la culture des fougères; elles n'y prospéreraient pas. Il faudra se contenter de mettre sur le rocher quelques *Lycopodes* ou *Sélaginelles*, qui entoureront gracieusement un *Cyperus alternifolius* occupant la partie centrale. *Au fond* de l'eau, le *Vallisneria spiralis*, en compagnie de l'*Elodea Canadensis*, développera ses longues feuilles en spirales, et bientôt, à elles deux, formeront des touffes au milieu desquelles quelques poissons rouges viendront apporter la vie et la gaieté.

Nos lecteurs auront remarqué, peut-être même avec impatience, que dans notre travail, nous avons constamment employé, pour désigner les genres ou les espèces de fougères, les noms latins que la science leur a appliqués. C'est avec intention que nous les avons ainsi désignés, parce que les commerçants et les horticulteurs de tous les pays les cataloguent sous ces noms scientifiques.

Dans cette partie de la *Culture des fougères*, nous avons fait tout notre possible pour initier l'amateur à tous ces petits secrets que l'expérience et la pratique ont permis de mettre en usage afin d'obtenir de bons résultats. Nous serons heureux si nous avons pu nous faire comprendre et rendre quelques services. La réussite de notre entreprise et la propagation d'une bonne culture seront pour nous la meilleure récompense des efforts constants que nous avons faits et que nous ferons toujours dans ce but.

A. RIVIERE.

LES FOUGERES.

(Fig. 39.)

WOODWARDIA RADICANS.

Dessiné d'après un spécimen dans les serres du Luxembourg. (Voy. p. 80.)

LES FOUGÈRES

CHOIX

DES ESPÈCES LES PLUS REMARQUABLES

PLANCHES ET DESCRIPTIONS

TABLE ALPHABÉTIQUE

DES AUTEURS CITÉS DANS LES DESCRIPTIONS.

Agardh.
Aiton.
Anderson.
Arnott.
Arrabida.

Babington.
Balfour.
Beauvais.
Bentham.
Bergius.
Bergmann.
Bernhardi.
Black.
Blume.
Bojer.
Bongard.
Bonpland.
Borkhausen.
Bory.
Botton.
Braun.
Bree.
Brongniart.
Brown.
Burmann.

Carmichael.
Cavanilles.
Chapman.
Commerson.
Deakin.
Decaisne.
De Candolle.
Desvaux.
Dickie.
Dickson.
Dietrich.
Don.

Endlicher.

Fée.
Fischer.
Forskal.
Forster.
Francis.
Fries.

Galeotti.
Gaudichaud.
Gray.
Greville.
Griffith.
Guillemin.
Gunn.

Henderson.
Hoffmann.
Hooker, W. J.
Hooker, J. D.
Hore.
Houlston.
Houttuyn.
Hudson.
Humboldt.

Jacquin.

Kaulfuss.
Kitaibel.
ot zsch .
Koch.
Kunth.
Kunze.

La Billardière.
Lagasca.
Lamarck.
Langsdorff
Lapeyrouse.
Ledebour.
L'Héritier.
Liebmann.
Lindley.
Link.
Linné.
Loddiges.
Loiseleur.
Lowe, E. J.
Lowe, H.

Mackay.

GLOSSAIRE.

Acuminé, terminé en pointe.
Anastomosé, en forme de réseau.
Arborescent, en arbre.
Aristé, terminé par une soie.
Atténué, plus ou moins rétréci aux extrémités.
Auriculé, qui a la forme d'une oreille ou d'une oreillette.
Axillaire, situé à l'aisselle (d'une fronde, ou d'un segment de fronde).

Bulbille, petit bulbe, pouvant reproduire la plante mère.

Canaliculé, creusé d'un petit sillon.
Cartilaginacé, qui offre l'élasticité et la souplesse du parchemin.
Caudiciforme, en forme de caudex.
Cellulaire (tissu), réunion de cellules, soudées les unes aux autres.
Cellule, élément anatomique des plantes, constitué comme une petite vessie.
Cespiteux, en touffe.
Circiné, enroulé en crosse.
Claviforme, en forme de massue.
Columelle (Voy. **Réceptacle**).
Confluent, contigu, aboutissant au même point.
Cordé, cordiforme, en forme de cœur.
Crénelé, à dents arrondies, non aigues.
Crénulé, diminutif de **crénelé** (Voy. ce mot).
Cuneiforme, en forme de coin.
Cyathiforme, en forme de coupe.

Décidu, caduc.
Décombant, couché, penché.
Décomposé, à découpures déchiquetées.
Décurrent, terminé en forme d'ailes sur les bords.
Déhiscent, ouvert.
Deltoïde, triangulaire.
Denté, à découpures aigues.
Denticulé, diminutif de **denté** (Voy. ce mot).

Dichotome, qui se dédouble également de chaque côté.
Dimidié, fendu par la moitié.

Épigé, sur terre.
Épiphyte, sur les plantes, sur les arbres.

Falciforme, en forme de fer de faux.
Fasciculé, en faisceau.
Fertile (fronde), couverte de sporanges.
Filiforme, extrêmement ténu.

Glabre, lisse, non pilifère.
Glaucescent, d'un glauque pâle.
Glauque, d'un vert-bleuâtre.

Hypogé, sous terre.

Imbriqué, se recouvrant comme les tuiles d'un toit.
Incisé, plus ou moins profondément découpé.
Involucre, membrane foliacée qui entoure les sporanges, chez quelques fougères.

Labié, qui présente l'aspect d'une ou de deux lèvres.
Lacinié, bordé de franges ou de lanières.
Lancéolé, qui à la forme d'un fer de lance.
Linéaire, étroit et allongé comme un petit ruban.
Lobes, découpures plus ou moins arrondies à la base.
Lobé, découpé en lobes.

Marginal, placé sur les bords.
Médian, situé au milieu.
Membranacé, qui a la consistance et la transparence d'une membrane.
Mucroné, terminé en pointe très-aiguë.

Obové, ovale, mais plus large vers le sommet qu'à la base.
Obtus, à bords émoussés, arrondis, non aigus.
Ombiliqué, arrondi et creusé au centre.
Ondulé, alternativement plissé.
Orbiculaire, qui la forme d'un cercle.
Ovale, ové, en forme d'œuf, plus large à la base qu'au sommet.

Paléacé, qui porte des écailles ou paillettes.
Partite, divisé.
Pédicellé (Voy. **Pétiolulé**), se dit d'un organe élevé sur un support filiforme.
Pelté, en forme de bouclier.
Pennatifide, découpé en forme de plume.

Penné, en forme de plume.
Pétiole, nom donné au **rachis** par quelques auteurs.
Pétiolulé, segment de fronde porté par une nervure sans limbe.
Pilifère, qui porte un ou plusieurs petits poils.
Piliforme, en forme de poil.
Prolifère, qui porte des prolifications.
Prolification, bourgeon ou bulbille qui reproduit la plante mère.
Pubescent, couvert d'un léger duvet.
Punctiforme, en forme de point.

Quercinė, qui a l'aspect d'une feuille de chêne.

Radicellé ou **radiculé,** qui porte de très-petites racines.
Réceptacle, petite colonne pistilloïde sur laquelle se trouvent insérés les sporanges chez quelques fougères.
Réniforme, en forme de rein.
Réticulé, en réseau.
Rhomboïdal, en forme de rhombe ou de losange.

Segment, portion de fronde.
Sessile, non pédicellé (Voy. ce mot).
Sinué, légèrement échancré, ondulé.
Sinus, l'angle produit par une échancrure.
Squameux, écailleux.
Stérile (fronde), qui ne présente pas de sporanges.
Stolon, jet rampant dont l'extrémité reproduit la plante mère.
Stolonifère, qui pousse des stolons.
Sub, particule servant de diminutif, signifiant *à peine*, *un peu*, *presque*.
Subulé, longuement et étroitement aminci en pointe.

Tronqué, qui paraît coupé transversalement.

Unilatéral, d'un seul côté.

Vasculaire (tissu ou **couche),** composé des vaisseaux conducteurs de la sève.
Vivipare, se dit d'une fougère qui émet des bulbilles sur ses frondes.

(Les particules *uni*, *bi*, *tri*, *quadri* et *multi*, placées devant un adjectif, comme *lobé*, par exemple, signifient *une fois*, *deux fois*, *trois fois*, *quatre fois*, *plusieurs fois lobé*.)

FOUGÈRES

DE

SERRE CHAUDE.

8

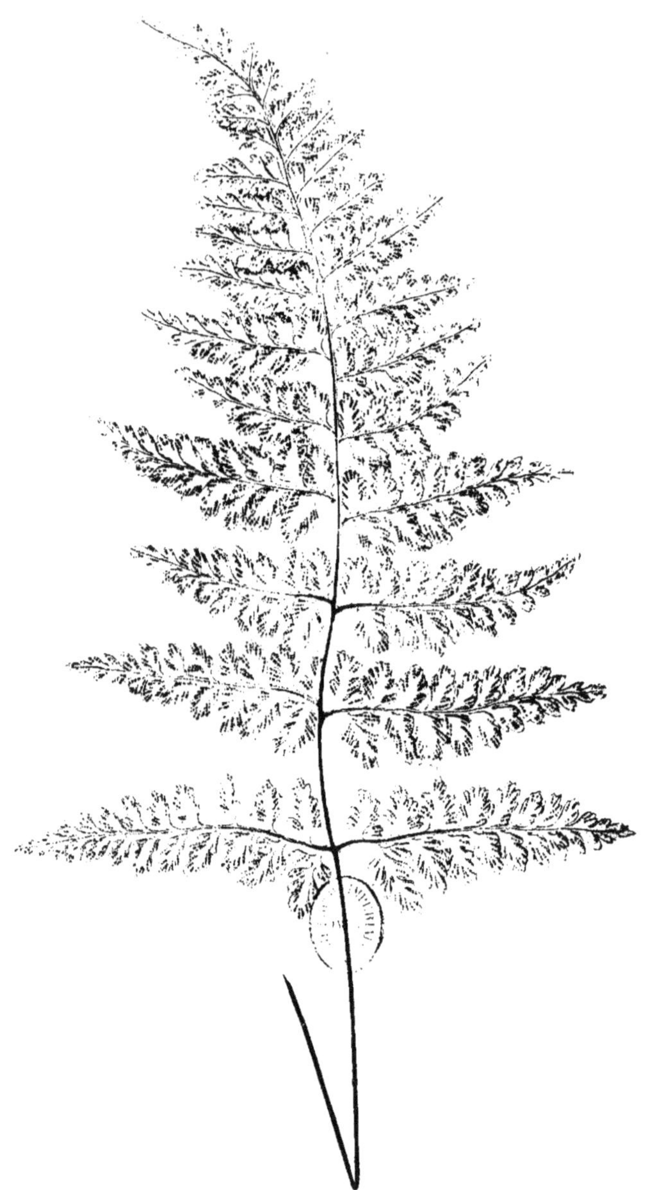

Les Fougères. J. Rothschild, Editeur.

GYMNOGRAMMA CHRYSOPHYLLA.

1

FOUGÈRES

DE

SERRE CHAUDE.

GYMNOGRAMMA *Desvaux.*

Etym. — Du grec *gymnos* nu, et *gramma* ligne. Allusion aux *sores* linéaires des espèces de ce genre, lesquels sont ordinairement dépourvus d'*indusie*.

Caractères génériques. — *Sores* linéaires dépourvus d'*indusie*, placés le long des veines et veinules; celles-ci ramifiées, pennées, libres au sommet. *Sporanges* brièvement pédicellés.

Portion de fronde, vue en dessus.

GYMNOGRAMMA CHRYSOPHYLLA *Kaulfuss.*

(Pl. 1.)

Toutes les frondes de cette belle fougère sont couvertes en dessous, surtout pendant leur jeunesse, d'une poussière dense, résineuse, d'un jaune d'or éclatant.

Elles atteignent de $0^m,40$ à $0^m,60$ de hauteur. La face supérieure est d'un vert jaunâtre pâle, tandis que l'inférieure affecte la riche teinte dont nous venons de parler. Leur forme est lancéolée, bi-pennée; les pennules sont lancéolées-acuminées; les pennulines, ovées-oblongues, subaiguës, irrégulièrement lobées-pinnatifides, les lobules dentés. Les rachis, d'abord jaunâtres et qui passent bientôt au noir d'ébène luisant, sont nus dans le tiers de leur longueur, mais écailleux à la base; les sores sont médians et terminaux.

Elle a pour patrie l'Amérique du Sud, les Grandes et Petites Antilles, surtout la Martinique.

SYNONYMIE.

Ceropteris chrysophylla	LINK. FÉE.
Gymnogramme chrysophylla	KUNZE. SPRENGEL.
Acrostichum chrysophyllum . . .	SWARTZ. WILLDENOW
— *aculeatum*	DESVAUX.

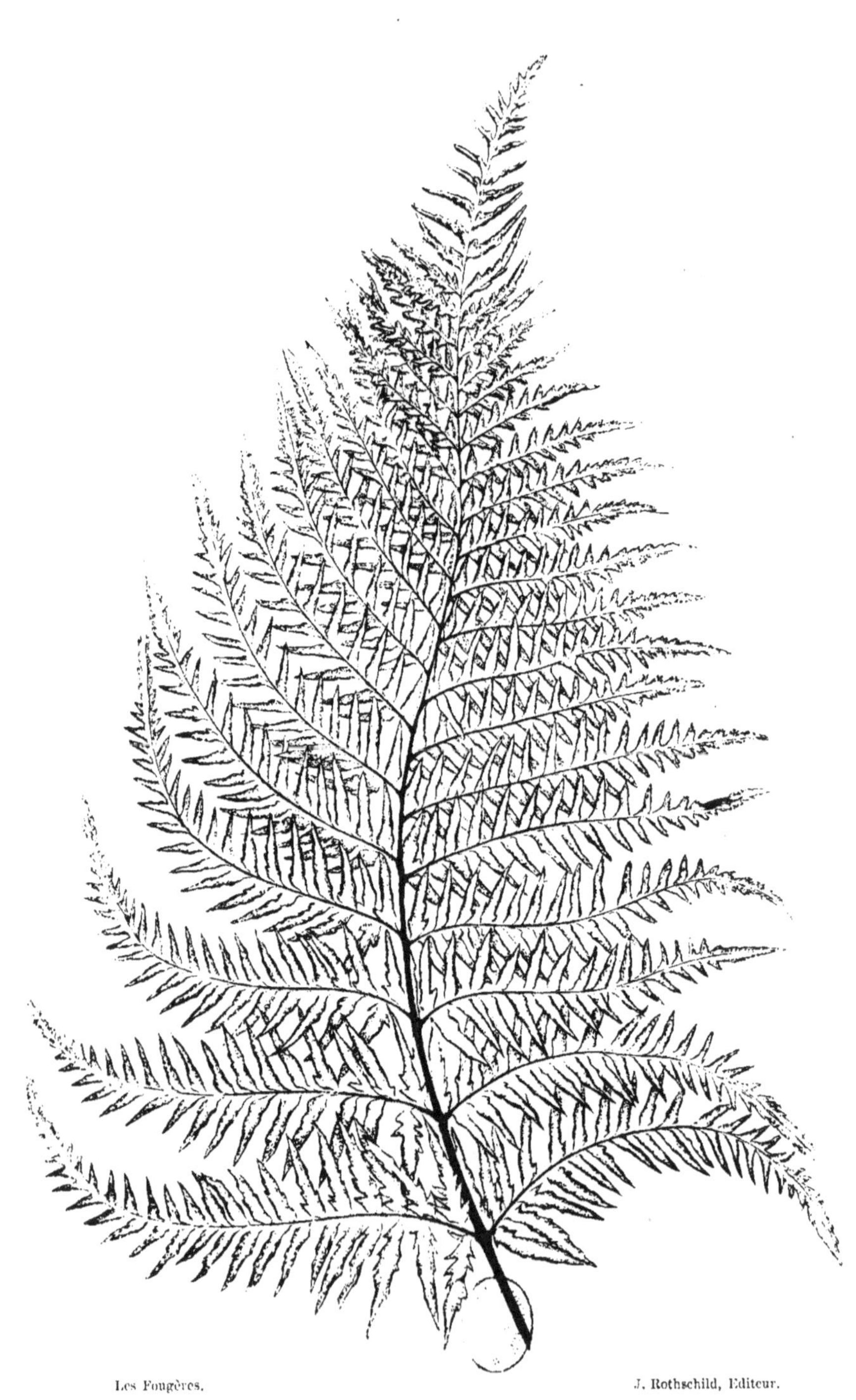

Les Fougères. J. Rothschild, Éditeur.

GYMNOGRAMMA CALOMELANOS.

II

Portion de fronde, vue en dessus.

GYMNOGRAMMA CALOMELANOS *Kaulf.*

(Pl. 2.)

La fougère argentée! Les frondes tout entières, d'un beau vert en dessus, sont couvertes en dessous d'une poussière épaisse d'un blanc d'argent mat. Elle forme, ainsi que la suivante, un superbe ornement pour la serre chaude.

Les frondes atteignent jusqu'à 1^{m} de longueur, y compris le rachis, ou pétiole, long de 0^{m},30-34, qui est dépourvu de pennules et d'un noir d'ébène brillant (d'où le nom spécifique); elles s'élèvent d'un caudex fasciculé, couvert, ainsi que les rachis vers la base, d'écailles brunes, et forment dans leur ensemble une gracieuse couronne; dressées d'abord, elles se recourbent bientôt gracieusement en dehors; elles affectent dans leur circonscription une forme lancéolée, acuminée, bi-pennée, à pennules sessiles, irrégulièrement lobées et allongées en pointes.

Le *Gymnogramma calomelanos* croît abondamment dans toute l'Amérique tropicale : on le trouve notamment dans les îles Caraïbes (Jamaïque, Saint-Domingue, etc.), dans les

Guyanes, le Brésil, ainsi que dans les îles qui en dépendent ; on le signale même au Mexique.

SYNONYMIE.

Gymnogramme calomelanos	KUNZE. SPRENGEL.
Ceropteris calomelanos.	LINK. FÉE.
Acrostichum calomelanos	LINN. SCHKUHR. LANGSDORFF et FISCHER. RADDI. WILLDENOW. SWARTZ. HUMBOLDT.
— *ebenum*	LINN.
— *album*	SCHKUHR.

Les Fougères. J. Rothschild, Editeur.

GYMNOGRAMMA [illegible]

III

Portion de fronde, vue en dessous.

GYMNOGRAMMA SULPHUREA *Kunze.*

(Pl. 3.)

C'est l'une des plus élégantes espèces de ce genre charmant, et pour la forme élancée de ses frondes, et pour la belle teinte soufre-doré qui les revêt en dessous.

Les frondes, très délicates, fragiles, d'une hauteur de 0^m,15 à 0^m,30, sont bi-pennées, lancéolées, subacuminées; les pennules sont pennatifides-obtuses, décurrentes à la base et dentées sur les bords.

Les sores sont linéaires, obliquement fourchus; lors de la maturité, ils deviennent confluents et couvrent toute la surface des pennules.

Cette fougère est originaire de la Jamaïque et probablement aussi des Grandes Antilles.

SYNONYMIE.

Gymnogramme sulphurea	KUNZE.
Ceropteris sulphurea	FÉE.
Acrostichum sulphureum . . .	SWARTZ. SPRENGEL. SCHKUHR

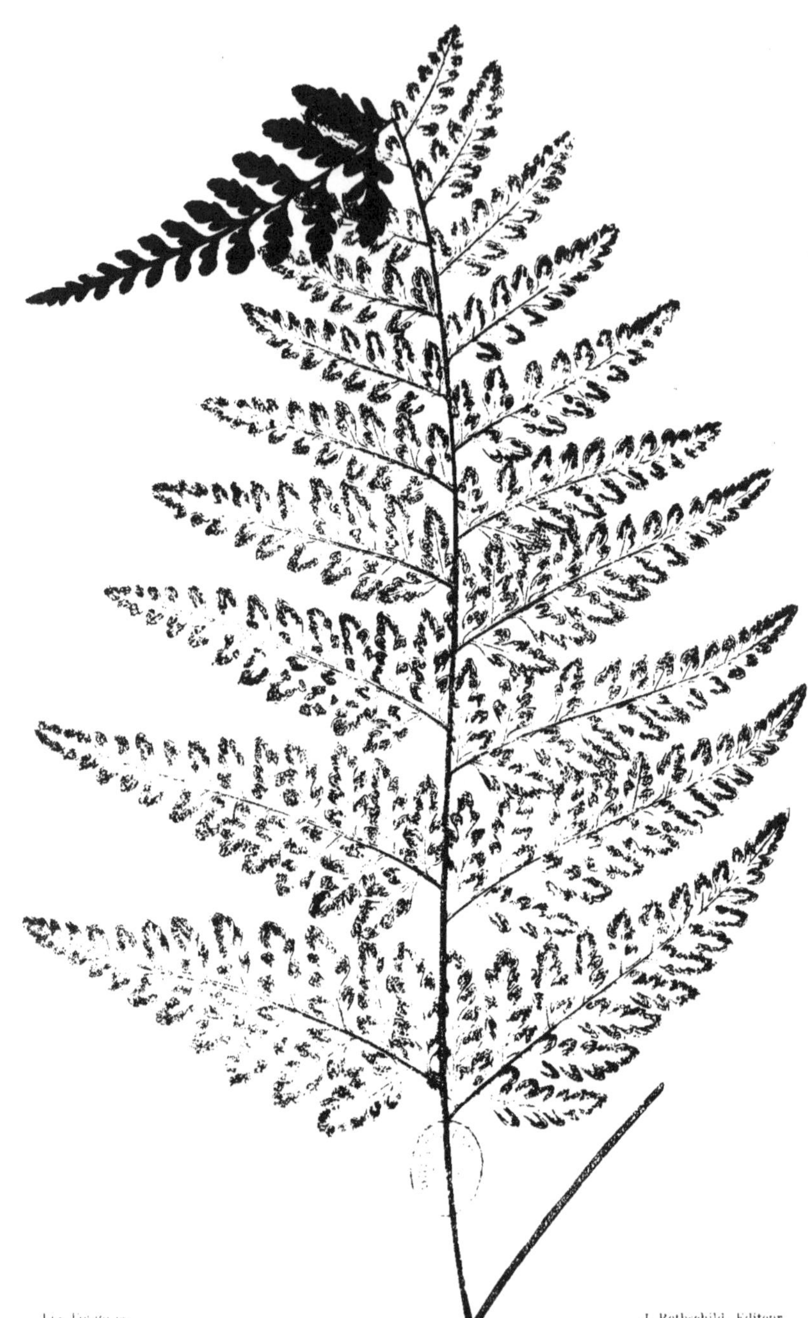

Les Fougères | J. Rothschild, Éditeur

IV

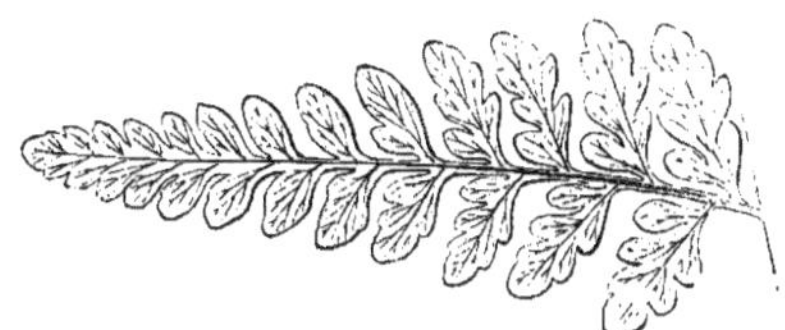

Portion de fronde, vue en dessus.

GYMNOGRAMMA PERUVIANA *Desvaux.*

(Pl. 4.)

Magnifique plante, qui peut lutter de beauté non-seulement avec les espèces qui précèdent, mais avec toutes ses congénères.

Frondes ovées-lancéolées, acuminées, bi-pennées, couvertes en dessous, ainsi que les rachis, d'une couche pulvérulente d'un blanc d'argent, moins dense vers le sommet; elles atteignent $0^{m},35$-45 de hauteur, et sont implantées sur un caudex dressé et fasciculé, sessiles, ou à peine pétiolées.

Veination le plus ordinairement fourchue; pennulines, comme les pennules, sessiles, lancéolées, oblongues, acuminées, profondément incisées-crénelées.

Sores apparents, occupant les deux bords de chaque segment.

Fougère habitant l'Amérique centrale et le Pérou.

Variété : *Argyrophyllum* (à feuilles argentées).

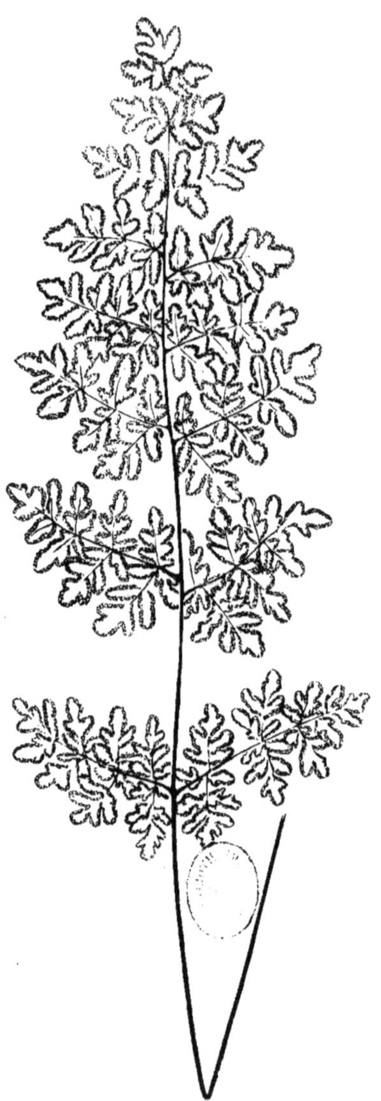

Les Fougères. J. Rothschild, Editeur.

V

NOTHOCHLÆNA *Rob. Brown.*

Etym. — Du grec *nothos* faux, et *chlaina*, manteau. Allusion à l'apparence d'une indusie incomplète que présentent quelques espèces du genre.

Caractères génériques. — *Veines* des frondes fourchues ou pennées; *veinules* libres. *Sporanges* terminaux. *Sores* orbiculaires, solitaires, confluents à l'époque de la maturité, situés au sommet des veinules et disposés en une ligne marginale continue ou interrompue.

Portion de fronde, vue en dessus.

NOTHOCHLÆNA HOOKERI *Desvaux.*

(Pl. 5.)

Peu de fougères peuvent rivaliser avec celle-ci de délicatesse et de gracieuseté. Sous l'influence d'une bonne culture, elle forme un ensemble compact d'une grande élégance ; elle est remarquable surtout par l'épaisse couche de poussière blanche comme la neige qui couvre la face inférieure des frondes, et sur laquelle tranche la couleur sombre et luisante des sores.

La longueur des frondes varie de $0^{m},16$ à $0^{m},25$ et $0^{m},30$; d'abord d'un vert brillant en dessus, elles deviennent par la suite d'un vert bleuâtre, tandis qu'en dessous elles revêtent cette belle, épaisse et farineuse efflorescence d'un blanc pur dont nous venons de parler.

Elles sont bipennées, à pennules bi-pennées elles mêmes, ovées-arrondies, obtuses, pédicellées à la base, toutes incisées-lobées sur les bords, à rachis d'un noir d'ébène mat. Les sores sont linéaires, terminaux, bientôt confluents, disposés en une large bordure, et offrent par leur coloris l'agréable contraste que nous avons signalé.

Cette gracieuse plante est spontanée, dit-on, au Mexique, au Pérou et au Chili.

Une aire aussi vaste, embrassant des contrées si diverses, nous semble fort douteuse; notons en passant que Martens et Galeotti (fougères du Mexique) n'ont pas dit un mot de cette espèce.

SYNONYMIE.

Nothochlæna incana	Presl.
Nothochlæna nivea	R. Brown. J. Smith.
Cincinalis —	Desvaux. Fée.
Pteris —	Swartz. Sprengel. Poiret.
Acrostichum albidulum	Willdenow. Swartz. Sprengel. Cavanilles

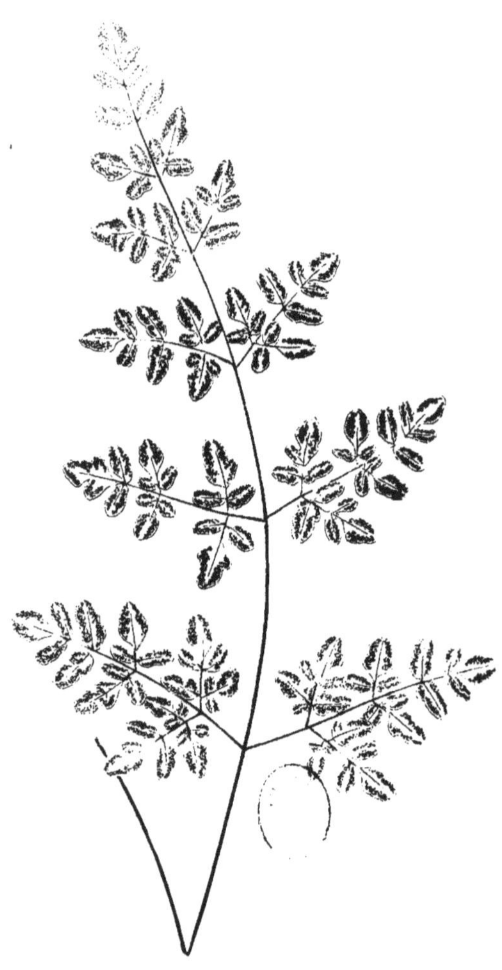

Les Fougères. J. Rothschild, Editeur.

VI

Portion de fronde, vue en dessus.

NOTHOCHLÆNA FLAVENS *Moore.*

(Pl. 6.)

Frondes bi-pennées; pennules subopposées, ascendantes, pétiolées; pennulines pétiolulées; celles de la base tri-pennulinées elles-mêmes, entières et simples, toutes obtuses subarrondies, lobulées sur les bords, d'un vert foncé en dessus, et couvertes en dessous d'une épaisse efflorescence d'un jaune d'or.

Rachis d'un noir d'ébène luisant, avec efflorescence glauque et des squames distantes en dessous.

Sores linéaires continus, confluents par la suite, et formant alors une large bordure subcylindrique d'un rouge sombre, formant contraste avec la brillante teinte du fond.

C'est une espèce aussi délicate qu'élégante et qui peut soutenir la comparaison, non-seulement avec ses congénères, mais avec les *Gymnogramma.*

Cette espèce, formant de petites touffes, habite l'Amérique centrale.

SYNONYMIE.

Cincinalis flavens. . . . . Desvaux. J. Smith.
Acrostichum flavens. . . . . Swartz.
Gymnogramme flavens. . . . . Kaulfuss.

Les Fougères — J. Rothschild, Editeur.

VII

POLYPODIUM *Linn.*

Étym. — Du grec *polus* nombreux, et *pous*, *podos*, pied. Allusion aux nombreuses racines des rhizomes.

Type de l'immense famille des *Polypodiacées*, ce genre a subi lui-même de nombreux démembrements dont quelques-uns nous passeront successivement sous les yeux. Voici sommairement les caractères qui le constituent aujourd'hui :

Caractères génériques. — *Veines* simples, ou fourchues, ou pennées, ou libres. *Sores*, dépourvus d'indusie, situés le long des veines ou des veinules, saillants ou plus rarement immergés, ordinairement orbiculaires, unisériés et solitaires, très-nombreux dans quelques espèces. *Rhizome* rampant, ramifié, plus rarement cespiteux, quelquefois dressé.

Nul genre de fougères n'offre autant d'espèces en apparence disparates et diversifiées d'aspect et de forme, mais toujours élégantes et gracieuses.

Portion de fronde, vue en dessous.

POLYPODIUM EFFUSUM *Swartz.*

(Pl. 7.)

Il en est des fougères comme des *Orchidées;* leur éloge, forcément répété, semblerait fastidieux, s'il n'était, en général, justifié par la beauté particulière à chacune d'elles.

Ainsi, par exemple, chez l'espèce qui nous occupe, chaque fronde, par la ténuité, la légèreté de ses découpures (*étalées*, comme l'indique le nom spécifique), simule une gigantesque plume, ondulant au souffle de la moindre brise.

Ces frondes sont membranacées, glabres, sauf les rachis (ou pétioles) qui sont couverts de squames d'autant plus serrées qu'elles se rapprochent du rhizome; elles atteignent 1^{m}, 1^{m},50 de hauteur et affectent une forme deltoïde dans leur circonscription; elles sont d'un beau vert et quatre fois pennées (multi-décomposées); les pennules sont lancéolées, acuminées; les pennulines linéaires-lancéolées, pennatifides; *les veines également pennées et fourchues* (*Lowe*).

A l'extrémité du rachis, il se développe, à l'aisselle d'une des ramifications de la fronde, un ou deux bourgeons qui peuvent servir à la multiplication de la plante.

Sores arrondis, terminant chaque veine.

Cette élégante fougère croît dans les Antilles.

SYNONYMIE.

Polypodium splendidum. . . . . . KAULFUSS.
Phegopteris effusa. . . . . FÉE.
Adiantum effusum . . . . SLOANE.

Les Fougères.

J. Rothschild, Editeur.

VIII

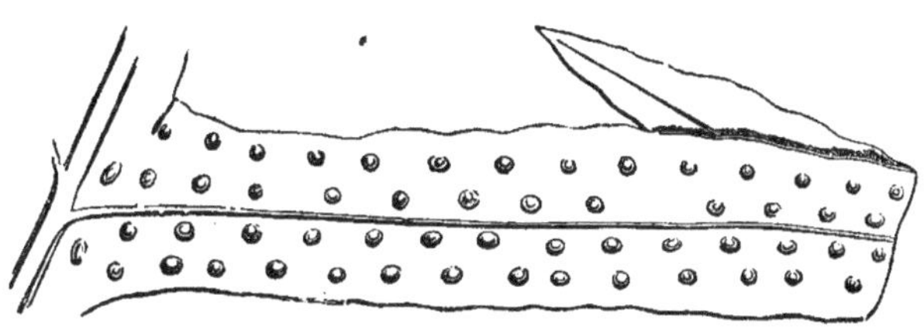

Portion de fronde, vue en dessus.

POLYPODIUM PHYMATODES *Linn.*

(Pl 8.)

Le *Polypodium phymatodes*, plus connu sous le nom de *Drynaria vulgaris*, a, comme ses congénères, des frondes dressées sur un rhizome rampant, couvert de squames orangées d'abord, puis brunâtres; elles sont fermes, oblongues, pennatifides et s'élèvent de $0^m,30$ à $0^m,36$, d'un beau vert luisant en dessus, souvent glaucescent et d'un brun olivâtre en dessous; les pennules, largement décurrentes le long du rachis, sont linéaires-oblongues, subacuminées, et n'ont souvent pas moins de $0^m,15$-16 de longueur; les deux plus inférieures, ou l'une au moins, sont quelquefois lobées.

Les sores, proéminents, comme dans la plupart des espèces du genre, sont tantôt unisériés, tantôt bi-sériés de chaque côté de la principale nervure; ils garnissent, sur un double rang, les ailes formées le long du rachis, lequel est d'un brun noirâtre.

On attribue à cette belle fougère un habitat fort étendu : ainsi elle est, dit-on, spontanée dans les Indes orientales, dans les archipels qui en dépendent, dans la Malaisie, les

Grandes Indes, la Nouvelle-Hollande, l'Ile de France. A Madagascar, cette plante vit en compagnie de l'*Angrecum sesquipedale*, l'une des plus belles et des plus remarquables *Orchidées*.

SYNONYMIE.

Polypodium grossum	SPRENGEL. LANGSDORFF et FISCHER.
— *scolopendria*	BURMANN.
Chrysopteris phymatodes	LINK.
Drynaria vulgaris.	J. SMITH. MOORE et HOULSTON.
— *phymatodes*.	FÉE.
Phymatodes vulgaris	PRESL.

Les Fougères. J. Rothschild, Editeur.

IX

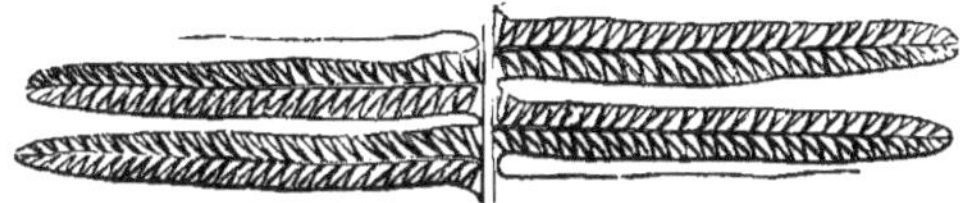

Portion de fronde, vue en dessus.

POLYPODIUM PLUMULA *Humboldt* et *Bonpland*.

(Pl. 9.)

Le nom spécifique, *petite plume*, indique bien la légèreté et la grâce de cette fougère.

Ses frondes sont lancéolées-oblongues, pennées, aiguës, d'un vert pâle et délicat, ne dépassant guère 0m,16 à 0m,25 de hauteur. Les rachis sont noirs et couverts de fines et petites écailles; la base, comme il arrive d'ordinaire, est nue. Les pennules sont exactement horizontales, très-rapprochées, très-nettement linéaires, légèrement décurrentes à la base sur le rachis, et arrondiés-obtuses au sommet. Veines fourchues dès la base.

Sores unisériés de chaque côté de la nervure principale, et situés seulement sur la moitié terminale des pennules; plus rarement ils en occupent toute la face inférieure. Ils sont d'un jaune d'or pâle et d'un gracieux effet.

Sur les plus grandes frondes, les pennules sont au nombre d'environ cinquânte-cinq paires; trente portent des sores.

Le *Polypodium plumula* habite l'Amérique méridionale.

SYNONYMIE.

Polypodium Paradisæ. . . . . . . RADDI.
— *pectinatum?* . . . . . KUNZE. PLUMIER. PLUKENET. FÉE. PRESL.
— *plumosum?* . . . . . . PRESL.

Portion de jeune fronde, vue en dessus.

POLYPODIUM VACCINIFOLIUM *Willd.*

(Même planche.)

Espèce fort intéressante, rampant et grimpant sur les arbres, surtout sur ceux qui sont en décomposition. Dans la serre chaude et disposée exprès en compagnie de congénères de la même catégorie, ou de plantes analogues, elle prospérera sur les murs ou sur les vieux troncs d'arbres tenus humides.

Les tiges en sont flexueuses, ramifiées, de la grosseur d'une plume d'oie, entièrement revêtues de petites écailles très-serrées, d'abord d'un brun clair, puis noirâtres.

Les frondes, fertiles ou stériles, sont simples, biformes, latérales, articulées et très-légèrement décurrentes sur les tiges ou rhizomes. Les fertiles sont linéaires, glabres, longues de $0^{m},25$-27; elles portent des sores terminaux et unisériés. Les secondes, plus courtes, sont ovées-aiguës.

Cette espèce est commune sur les arbres et les roches ombragées de l'Amérique tropicale, du Brésil, de l'île Sainte-Catherine, etc.

SYNONYMIE.

Polypodium lagopodioides.	DESVAUX, JACQUIN.
Goniophlebium vaccinifolium . . .	J. SMITH, MOORE et HOULSTON.
Marginaria vaccinifolia.	PRESL.
— *serpens*.	PRESL.
Craspedaria vaccinifolia	LINK
— *lagopodioides*	FÉE.

Les Fougères J. Rothschild, Éditeur.

X

Portion de fronde, vue en dessous.

POLYPODIUM PECTINATUM *Linn.*

(Pl. 10.)

Cette fougère rappelle bien par ses formes et par la disposition de ses sores, le *P. plumula*, décrit et figuré ci-dessus (pl. 9); mais celui-ci est de moitié plus noir. Tous deux sont fort élégants et méritent d'être recherchés dans les collections.

Les frondes, hautes de $0^{m},30$-35, sont pennées, d'un vert sombre. Rachis noirs; ceux pubescents sont articulés latéralement sur un rhizome rampant. Les pennules sont rapprochées, linéaires, horizontales, parallèles (alternes dans le *P. plumula*), subaiguës au sommet, décurrentes par les bases sur les rachis.

Les sores sont arrondis, d'un beau brun jaunâtre, unisériés de chaque côté de la nervure principale, et couvrent, après l'émission des sporanges, toute la face inférieure des pennules.

Patrie. l'Amérique tropicale, principalement dans le sud.

Les Fougères. J. Rothschild, Editeur.

XI

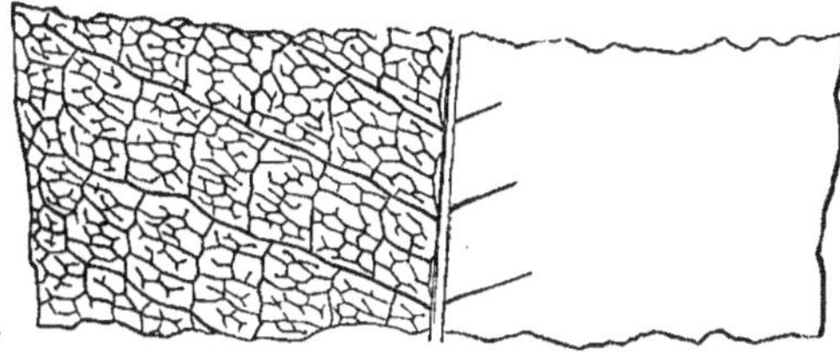

Portion de fronde, vue en dessus.

POLYPODIUM MUSÆFOLIUM *Blume.*

(Pl. 11.)

C'est une des plus belles fougères connues, comme notre description va le démontrer.

Ses frondes sont groupées sur un rhizome rampant, et non distantes entre elles, comme dans le plus grand nombre des congénères; elles imitent assez bien, par leur longueur et leur largeur, une petite feuille de bananier. Ces frondes, d'un vert pâle, ont plus de $0^m,36$ de hauteur, sur près de $0^m,08$ de largeur; elles sont ou simples ou incisées-subpennatides, aiguës à leur sommet qui est quelquefois divisé. Les nervures latérales pennées sont reliées entre elles par une myriade de fines nervures secondaires, arquées et anastomosées en mailles d'une singulière délicatesse; elles n'atteignent pas les bords.

Vers la base se voient un certain nombre de squames, assez promptement caduques.

Depuis l'époque (1862) où parut le volume de M. Lowe, dans lequel il a décrit et figuré cette rare fougère, on n'en a pas encore observé la fructification. De là, notre silence au sujet des sores, lesquels, du reste, doivent être, comme dans les espèces similaires (sous-genre *Drynaria*), petits et très-nombreux sur chaque pennule (voir ci-après, pour exemple, *Polypodium morbillosum*).

SYNONYMIE.

Drynaria musæfolium. . . . . . . J. Smith.
Polypodium microsorum . . . . . Metten.
Acrostichum alatum. . . . . Dans divers jardins.

Les Fougères. J. Rothschild, Editeur.

XII

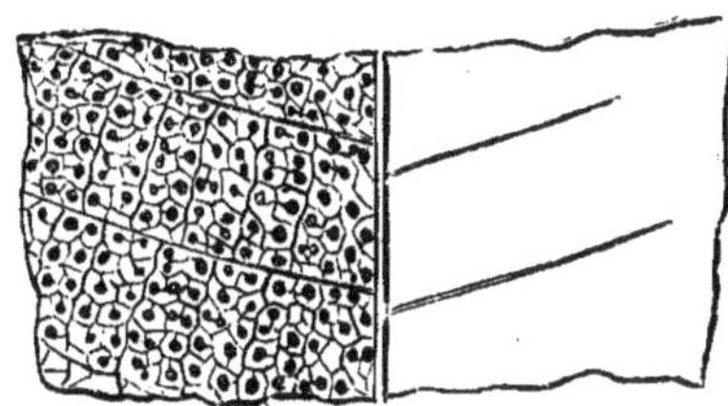

Portion de fronde, vue en dessous.

POLYPODIUM MORBILLOSUM *Presl.*

(Pl. 12.)

Grande et magnifique espèce, dont les frondes, d'un beau vert, fermes et membranacées, s'élèvent à 1^m, 1^m,50 de hauteur, croissent en une sorte de couronne sur un rhizome rampant, couvert à son extrémité de nombreuses squames blanchâtres.

Elles sont très-largement oblongues, profondément découpées-pennatifides, à segments alternes, irréguliers, les uns oblongs-lancéolés, aigus; les autres plus courts, arrondis au sommet. La surface est couverte d'une fine pubescence blanchâtre; et la maîtresse nervure couverte également de poils bruns ou écailles, surtout près de la base, où ils sont plus longs.

Les grandes veines latérales parcourent le milieu de chaque segment, et sont reliées entre elles par d'innombrables veinules et veinulines anastomosées, d'une ténuité extrême, vertes, mais d'un brun rougeâtre vers le bas des frondes.

Les sores, fort petits, sont très-nombreux; ils terminent chacun une veinule, et semblent, par leur nombre et leur rapprochement, occuper toute la surface des frondes comme l'indique la vignette placée en tête de l'article. Indigène dans les îles de la Malaisie, et, dit-on, à Java.

SYNONYMIE.

Drynaria morbillosa. . . .	J. SMITH.
Phymatodes morbillosa. .	PRESL.
Polypodium quercifolium	Dans divers jardins.
— *heracleifolium*	
Drynaria coronans. . .	
Polypodium coronans. .	
Phymatodes coronans. .	

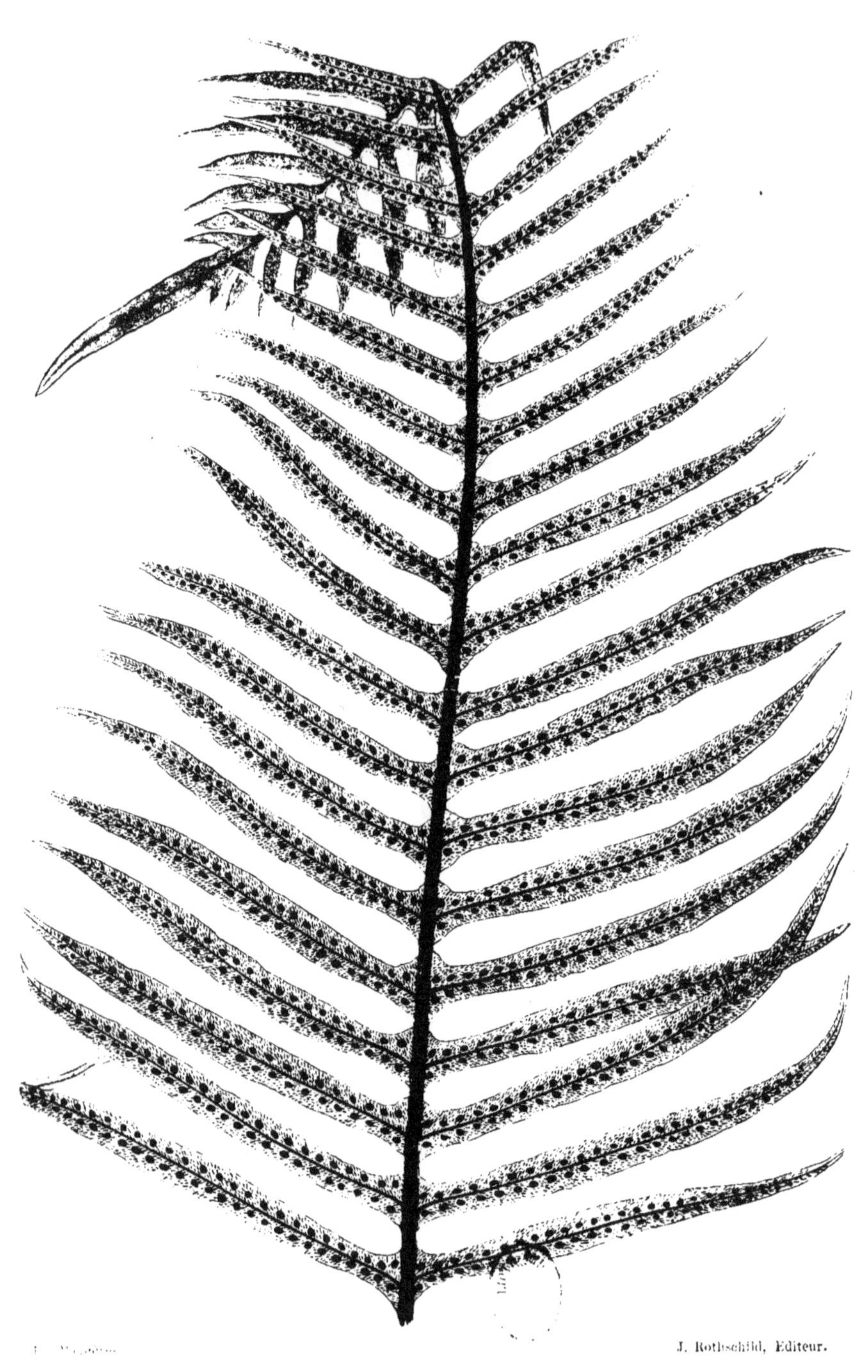

J. Rothschild, Editeur.

XIII

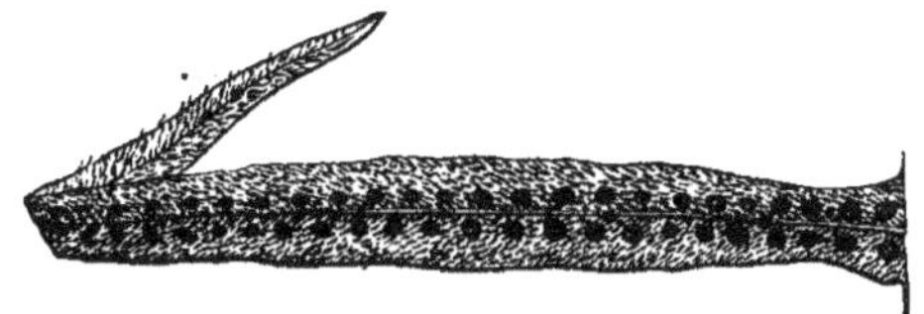

Portion de fronde fertile, vue en dessous.

POLYPODIUM SQUAMATUM *Linn.*

(Pl. 13.)

Frondes simplicipennées, dressées, hautes de $0^m,50$ à $0^m,65$, oblongues-lancéolees, subacuminées, nues dans leur partie inférieure, et d'un diamètre de $0^m,15$-16 dans sa plus grande largeur.

Pennules étroites, rapprochées, ordinairement disposées par cinquante paires environ, subalternes vers la base, opposées ensuite, subacuminées au sommet, subdilatées des deux côtés et comme auriculées à la base; couvertes sur les deux faces de squames piliformes très-denses.

Sores assez apparents, comme chez toutes les *Polypodiacées* vraies, unisériés de chaque côté de la nervure médiane et au nombre d'environ trente paires. Ils sont toutefois assez petits, rougeâtres, et leur couleur influe sur celle des pennules qui sans cela seraient blanchâtres, tandis qu'en dessus elles sont d'un beau vert. Originaire de l'Amérique méridionale.

SYNONYMIE.

Lepicystis squamata . . . . . . J. Smith.

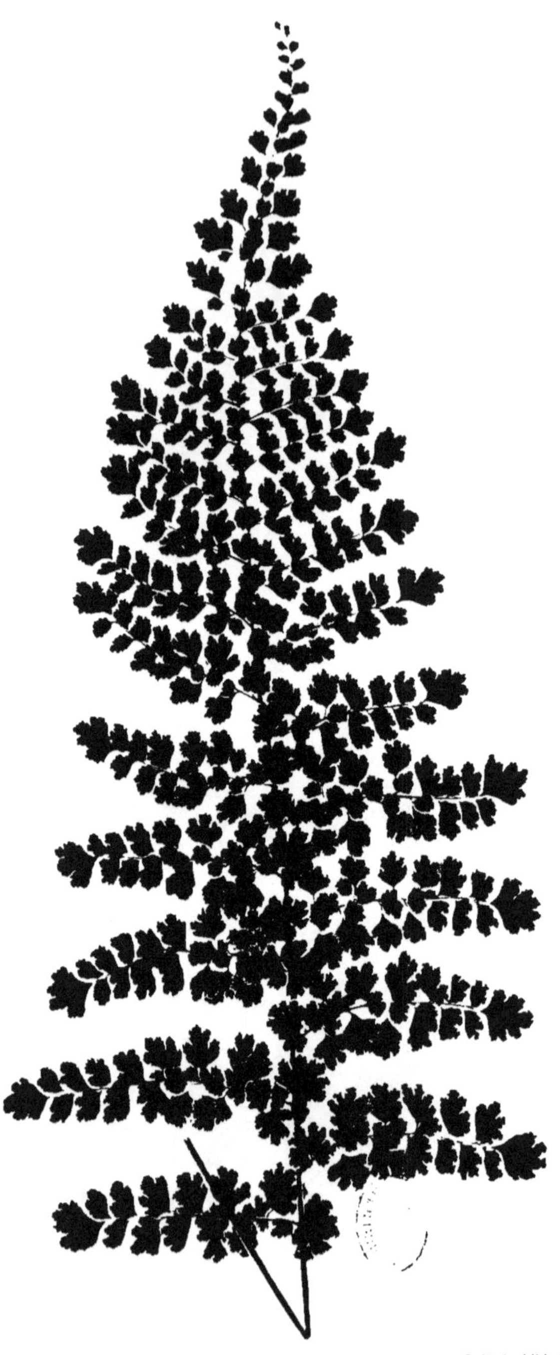

Les Fougères. J. Rothschild, Éditeur.

CONCINNUM

XIV

ADIANTUM.

Étym. — Du grec *adiantos*, qui ne se mouille pas. Les Grecs avaient en effet remarqué que l'eau de la pluie glissait sur quelques-unes de ces plantes sans les mouiller.

Caractères génériques. — Une *indusie*. *Sores* réniformes ou oblongs, ou arrondis, ou linéaires, situés sur le bord des pennules en lignes continues ou interrompues, et couverts en totalité ou en partie par l'indusie. *Veinules* droites, se terminant dans l'axe de celle-ci, laquelle est oblongue, ou réniforme, ou crénelée, selon les bords plus ou moins entiers des frondes repliés sur les sores.

Fougères d'une légèreté, d'une ténuité et d'une élégance toute particulière.

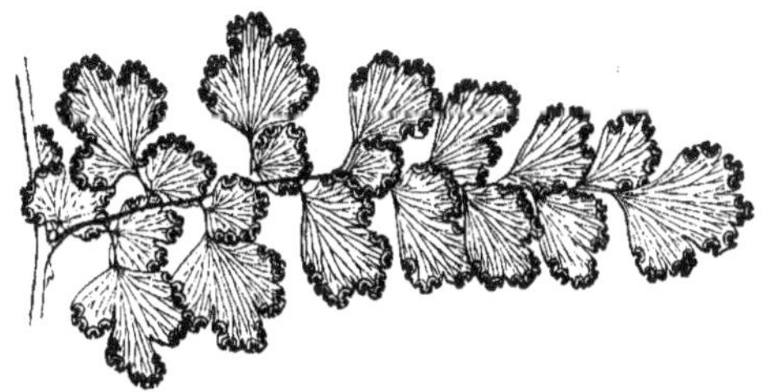

Portion de fronde, vue en dessous.

ADIANTUM CONCINNUM *Humboldt* et *Bonpl.*

(Pl. 14.)

Frondes tri-pennées, glabres, grêles, membranacées, semi-transparentes, hautes de 0^m,30 à 0^m,65, sur environ 0^m,20 dans leur plus grande largeur; dressées, élancées, lancéolées-oblongues, et s'élevant d'un rhizome rampant. Rachis rigides, glabres, verts d'abord, bientôt d'un noir d'ébène luisant. Pennules bi-pennées, diminuant peu à peu de longueur vers le sommet qui est très-allongé, et près duquel le nombre des pennulines diminue en se réduisant bientôt à l'unité. Toutes sont obliquement arrondies-rhomboïdales, cunéiformes à la base, brièvement pédicellées, lobulées, ondulées sur les côtés et au sommet.

Sores fort petits, au nombre de huit ou dix sur chaque pennuline et cachés sous l'indusie.

Cette élégante espèce, comme habitat, occupe un espace immense de l'Amérique tropicale et même extra-tropicale (méridionale). On la trouve dans le Venezuela et les districts de Caracas, de Guayaquil, de Chacapoyas, etc.; au Pérou, au Mexique, dans les îles de Gallipagos, à la Jamaïque, à Saint-Vincent, dans les Andes de Quito, etc.

SYNONYMIE.

Adiantum tenerum . . . . Schkuhr.
— *affine* . . . . Martens et Galeotti.
— *cuneatum* . . . . . Hooker.

Les Fougères. J. Rothschild, Éditeur

XV

Portion de fronde fertile, vue en dessous.

ADIANTUM PUBESCENS *Schkuhr.*

(Pl. 15.)

On a voulu, par le nom spécifique, faire allusion aux très-nombreux et courts poils bruns qui *hérissent* la base des rachis de cette espèce, et les rendent quelque peu rudes.

Les frondes, presque toutes fertiles, hautes de $0^m,30$ à $0^m,40$, se dressent sur un rhizome couvert de squames ou poils semblables à ceux des rachis. Elles sont pédalées, à divisions linéaires, étroites, acuminées, pennées, d'un vert foncé. Les pennules, très-nombreuses, sont horizontales, dimidiées, oblongues, arrondies au sommet, brièvement pétiolulées à la base, et là, subcunéiformes, crénelées au bord supérieur, tandis que l'inférieur devient la nervure principale.

Sores petits, nombreux (douze à seize par chaque pennule), placés au bord supérieur des pennules et cachés sous une indusie réniforme et velue.

Cette belle fougère n'est pas rare dans les collections; on la tient en serre chaude ordinaire, mais mieux vaudrait la garder en serre tempérée, comme originaire de la Nouvelle-Hollande et de la Nouvelle-Zélande.

SYNONYMIE.

Adiantum hispidulum. . . . . . . SWARTZ. FÉE. HOOKER et GREVILLE.
— *pedatum*. . . . . FORSTER.
— *plicatum*. . . . . KAULFUSS.

J. Rothschild, Éditeur.

XVI

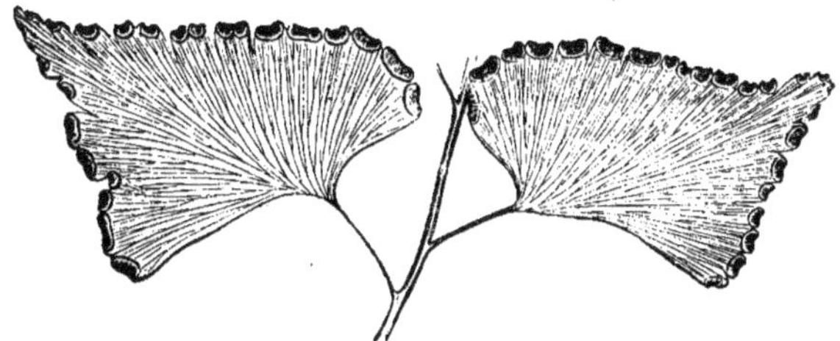

Portion de fronde, vue en dessous.

ADIANTUM TRAPEZIFORME. *Linn.*

(Pl. 16.)

Quoique délicate, cette espèce est très-recherchée à cause de sa beauté.

Ses frondes, trois et quatre fois pennées, varient en hauteur de 0m,60 à 1m et plus. Elles sont glabres, latéralement fixées à un court rhizome rampant. Les rachis, les pétiolules sont d'un noir d'ébène foncé; les premiers sont revêtus de quelques fines écailles vers la base.

Les pennules, amples et d'un vert brillant, sont ovées-rhomboïdales, subacuminées au sommet, obliquement et inégalement insérées sur les pédicelles, denticulées-crénelées sur les bords supérieurs. Nervation très-fine, multiple.

Sores grands, proéminents, oblongs, couverts par une indusie réniforme.

Ce magnifique Adiante habite les Grandes Antilles, l'Amérique centrale, le Brésil, le Guatimala, le Mexique, etc.

SYNONYMIE.

Adiantum eminens	Presl.
— *Klotzchianum*.	Presl.
— *formosissimum*	Klotzsch. Plumier. Sloane.
— *pentadactylon*	Langsdorff et Fischer. Hooker et Greville.
— *rhomboideum*.	Schkuhr.

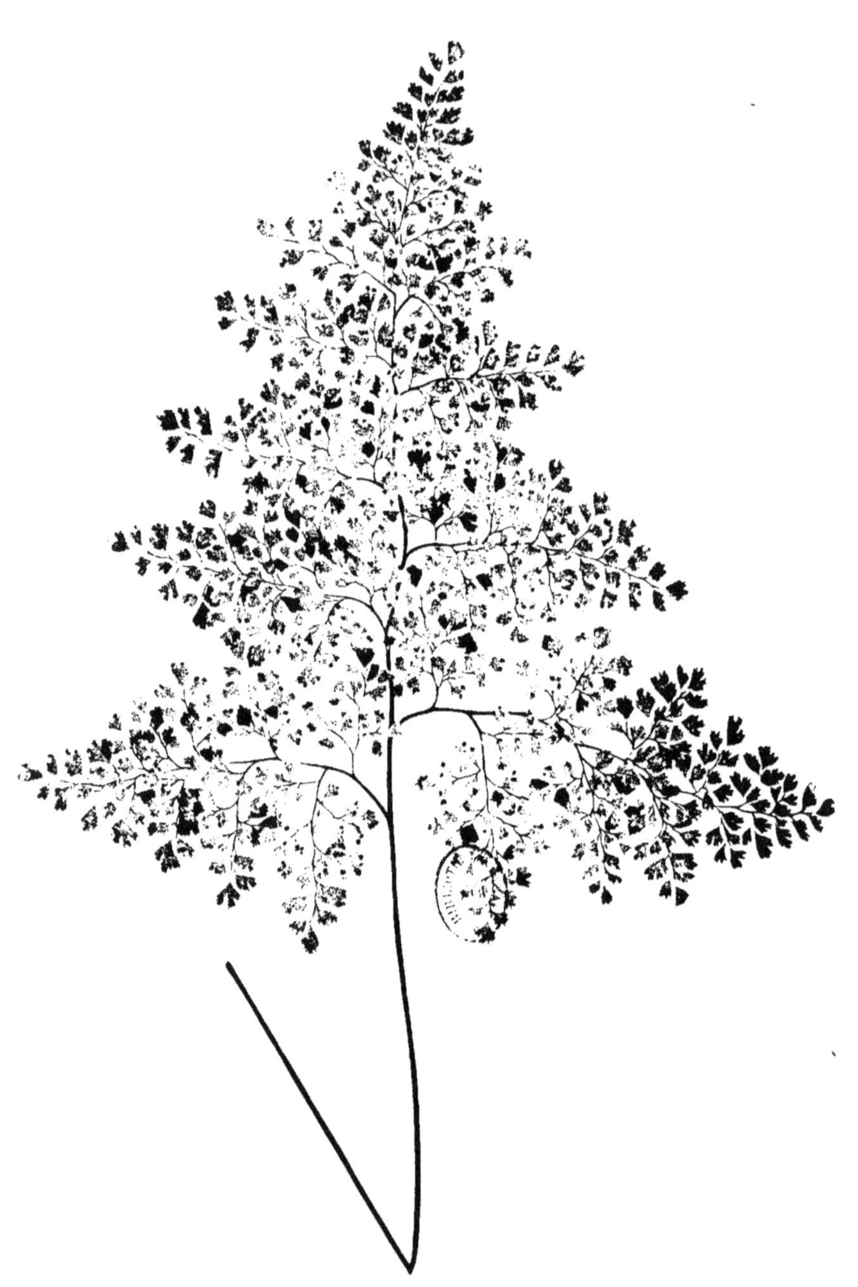

Les Fougères. J. Rothschild, Editeur.

XVII

Portion de fronde, vue en dessous.

ADIANTUM CUNEATUM *Langsd.* et *Fischer*.

(Pl. 17.)

Espèce délicate et fragile, véritable dentelle végétale comme on s'est plu, et avec raison, à nommer la plupart de ces fougères à frondes découpées multifides.

Les frondes en sont glabres, tri-quadri-pennées, très-ténues, membranacées, plus ou moins dressées, au-dessus d'un rhizome écailleux, et atteignant une hauteur de 0m,30 à 0m,50. Les rachis et les pétiolules sont d'un noir d'ébène luisant, et recouverts d'une efflorescence bleuâtre, telle par exemple que celle qu'on remarque sur les prunes.

Les pennulines sont nombreuses, nettement cunéiformes, finement pétiolulées, tri-quadri-lobées, échancrées, arrondies au sommet et à lobes infertiles dentés en scie. Les sores, assez petits, au nombre de quatre à six au sommet de chaque pennuline, sont nichés sous une indusie cunéiforme.

Cette fougère offre, pendant l'hiver, une ressource avantageuse pour la composition des bouquets; sa légèreté transparente fait ressortir le coloris des fleurs qu'elle recouvre.

Elle habite le Brésil, notamment l'île Sainte-Marguerite, les montagnes des Orgues, près de Rio de Janeiro, et s'avance même, dit-on, jusque dans l'Uruguay.

XVIII

ADIANTUM SULFUREUM *Kaulfuss.*

(Pl. 18.)

Petite fougère d'une élégance toute particulière, et fort rare jusqu'ici dans les collections.

Frondes tri-pennées (c'est-à-dire les pennules inférieures bi-pennulées), lancéolées dans leur circonscription, et s'élevant, selon les variétés (*majus* et *minus*), de 0m,10 à 0m,15 ou de 0m,30 à 0,35 de hauteur; les pennules, pétiolées chez l'une ou l'autre, suivent cette progression.

Rachis glabres, d'un noir d'ébène; pennulines toutes arrondies au sommet (obovées-réniformes), obliquement cunéiformes et pétiolulées à la base, glabres, membranacées, crénelées au sommet, d'un vert foncé à la face supérieure, et couvertes à la face inférieure d'une substance pulvérulente d'un jaune brillant.

Sores nombreux, presque contigus, situés au sommet de chaque crénelure, et recouverts par une indusie hémisphérique.

Elle provient du Pérou et du Chili.

Les Fougères. J. Rothschild, Editeur.

XIX

DORYOPTERIS.

Etym. — Du grec *doru* lance, et *pteris* fougère. Allusion à la forme générale des frondes, soit découpées, soit entières.

Caractères génériques. — *Frondes* simples, ou cordées, ou lobées, ou digitées-palmées, glabres et coriaces. *Veination* finement réticulée, à *aréoles* obliques-allongées. *Sores* marginaux, linéaires et continus. *Indusie* étroite.

Genre différant surtout du *Platyloma* et du *Cassebeera* par sa nervation réticulée.

En donnant, dès le commencement de cet ouvrage, une fougère à frondes *simples et entières*, nous avons voulu démontrer non-seulement que toutes n'avaient point de frondes *multifido-découpées*, mais aussi des frondes plus ou moins simples et entières, et prouver par là l'immense variation de formes que la nature a dépourvue à cette nombreuse classe de végétaux.

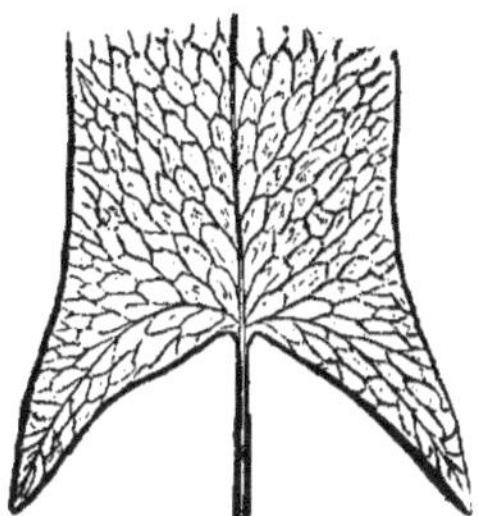

Portion de fronde, vue en dessus.

DORYOPTERIS SAGITTIFOLIA *Moore et Houlston.*

(Pl. 19.)

Espèce naine, d'un aspect particulier et qui rappelle assez bien, par la forme de ses curieuses frondes, les feuilles de la *Sagittaria sagittæfolia* de nos eaux douces, courantes ou stagnantes.

Frondes simples, sagittées allongées aiguës, dressées, coriaces, brièvement pétiolées, adhérentes à un rhizome subrampant, et presque toutes fertiles. Elles acquièrent environ une hauteur de $0^m,15$ à $0^m,30$-35; elles sont teintes d'un vert brillant en dessus, pâle en dessous, et portées par des rachis d'un noir d'ébène.

Les sores occupent tout le bord des frondes, sans interruption, et sont couverts par une étroite indusie (*repli du limbe frondal*[1]).

Originaire du Brésil.

SYNONYMIE.

Doriopteris hastifolia, var.	RADDI.
Litobrochia sagittæfolia	PRESL.
Pteris sagittæfolia.	RADDI.

1. Cette explication de l'indusie s'adapte à tous les organes du même genre.

J. Rothschild, Editeur.

XX

PTERIS.

Etym. — De *Pteris*, nom grec des fougères, en ce qu'elles ressemblent, en général, par la disposition de leurs fines découpures, à une plume, *ptéron*.

Caractères génériques. — *Frondes* ou pennées, ou bipennatifides, ou décomposées, glabres ou velues. *Veines* fourchues, dont les veinules directes sont réunies par un réceptacle plan, sporangifère. *Sores* linéaires, continus ou interrompus, occupant généralement les bords des segments.

Portion de fronde, vue en dessous.

PTERIS LONGIFOLIA *Linn.*

(Pl. 20.)

Frondes largement oblongues-lancéolées, pennées, insérées sur un rhizome rampant, hautes d'environ $0^{m},60$ à $0^{m},80$, et d'un vert sombre; rachis groupés, couverts de longues et étroites squames, d'un brun pâle.

Pennules étroitement linéaires, pétiolulées, avec base auriculée, n'ayant souvent pas moins de $0^{m},18$ de longueur.

Sores continus et entremêlés de squames piliformes, et bordant, comme nous venons de le dire, les pennules sous l'indusie. Les pennules infertiles sont finement denticulées sur les bords.

Le *Pteris longifolia* occupe, d'après les auteurs, un habitat immense : ainsi il serait spontané à la fois dans le Népaul (Asie), les îles Philippines, les Indes occidentales (Amérique méridionale), les Grandes Antilles (Jamaïque). Il résulte de ceci que cette espèce peut être à la fois cultivée en serre chaude ou en serre tempérée.

SYNONYMIE.

Pteris vittata.	SCHKUHR. WILLDENOW.
Filix latifolia.	PLUMIER.
Pteris ensifolia.	SWARTZ.
— *costata*.	BORY. LINK.

Rothschild, Editeur

XXI

Portion de fronde, vue en dessus.

PTERIS BIAURITA *Linn.* (?)

(Pl. 21.)

Les auteurs ne sont point d'accord sur l'*espèce* qui doit porter ce nom spécifique. Toutefois, on semble s'accorder pour la rapporter à la *biaurita* de Linné ; mais alors, où donc se trouve le caractère *biaurita?* Ce n'est certes pas dans l'espèce figurée et décrite ici (sous-genre *Campteria* de quelques auteurs).

Frondes bi-pennées (plus *exactement pluri-pennées*, et non *simplici-pennées*), triangulaires-allongées dans leur circonscription, glabres, hautes de 1^{m} environ, et dont le limbe d'un vert pâle mesure la moitié, à peu près, de cette longueur. Pennules oblongues-lancéolées, assez brusquement acuminées (c'est-à-dire terminées en une sorte de pointe), profondément pennatifides (*n'ayant rien d'auriculé*), pétiolulées (sessiles d'après la figure), et à segments oblongs, obtus au sommet.

Originaire des Grandes Indes et notamment des Grandes Antilles (Jamaïque).

SYNONYMIE.

Campteria biaurita . . . . J. SMITH. MOORE et HOULSTON.
Pteris nemoralis . . . . BLUME? (non WILLDENOW.)

Portion de jeune fronde.

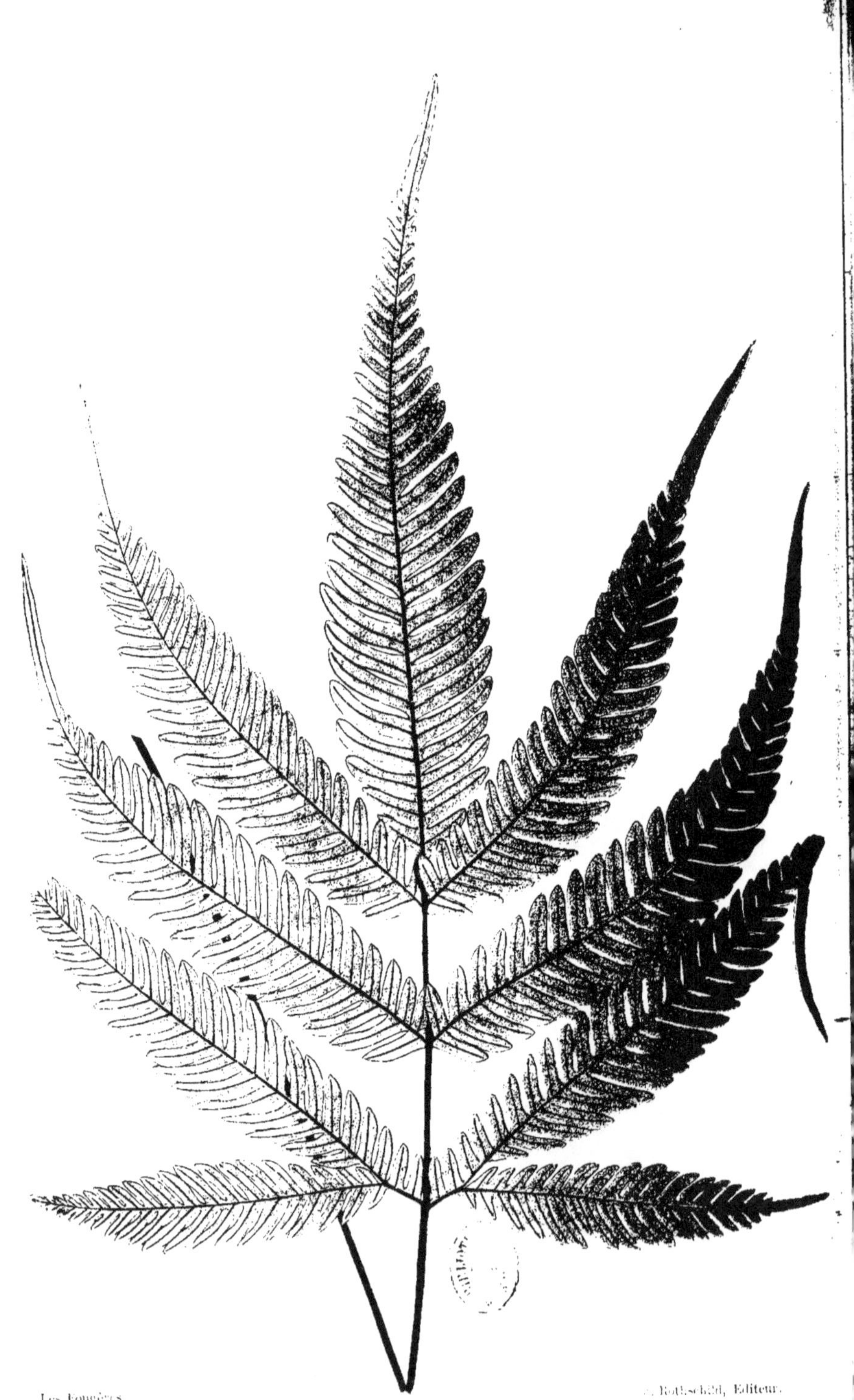

Les Fougères.

Rothschild, Editeur.

XXII

Portion de fronde, vue en dessous.

PTERIS ASPERICOLIS *Wallich.*

(Pl. 22.)

Frondes pennées, glabres, hautes de $0^m,40$ à $0^m,50$, insérées sur un rhizome saillant. Rachis rudes, rougeâtres pendant la jeunesse. Pennules presque sessiles, opposées, profondément pennatifides, ou mieux pennulinées, celles de la base entièrement bi-partites; toutes sont longuement atténuées-acuminées au sommet, où les pennules deviennent confluentes en une sorte de pointe, linéaires, subfalciformes, décurrentes à la base, obtuses au sommet, légèrement crénelées sur les bords, et couvertes en dessous de petites macules blanches.

Veines fourchues, quelquefois simples.

Sores sur chaque côté des pennulines, sans en atteindre le sommet.

Originaire de l'Inde orientale.

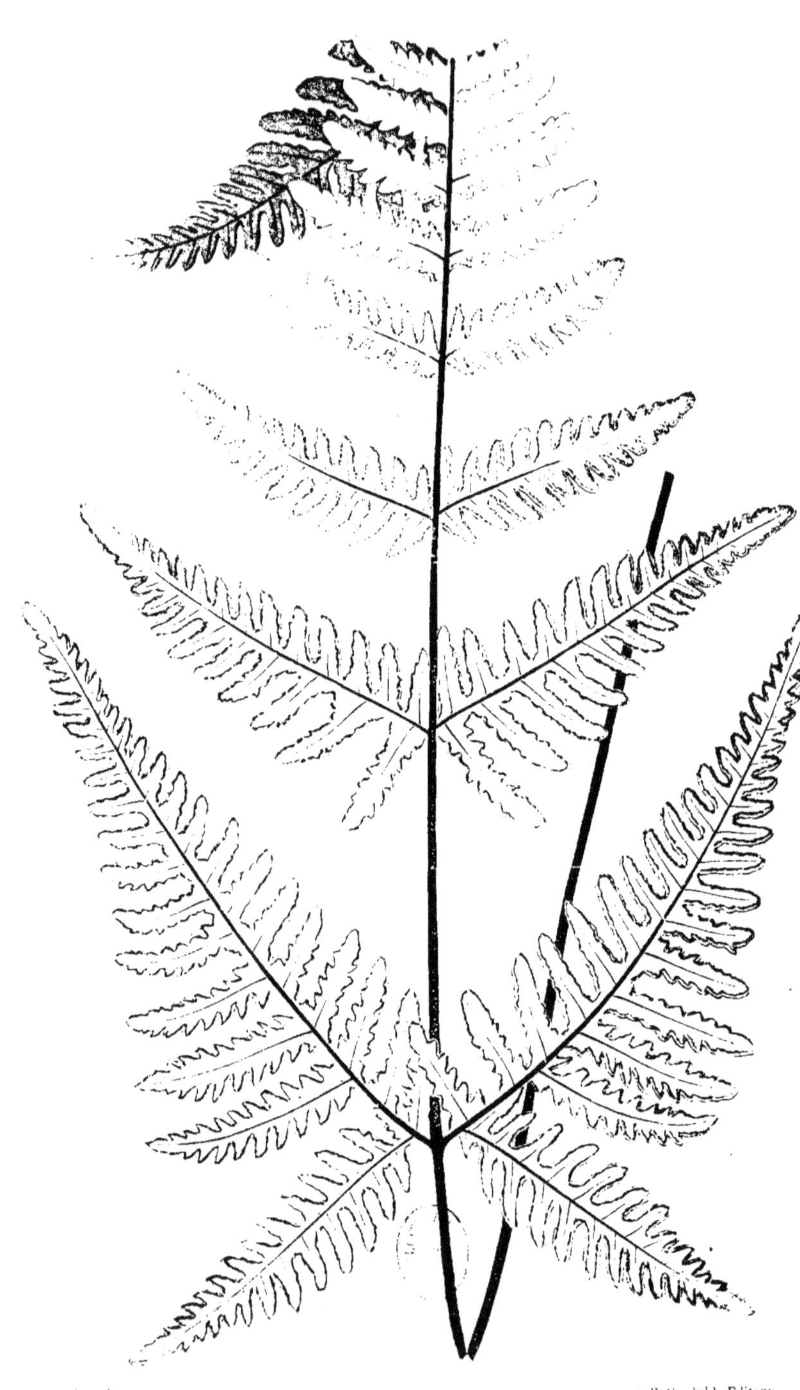

Rothschild, Editeur.

XXIII

CHEILANTHES *Swartz.*

ÉTYM. — Du grec *cheilos* lèvre, et *anthè* fleur. Allusion à la conformation des sores.

CARACTÈRES GÉNÉRIQUES. — *Sores* subglobuleux, situés généralement sur les *lobules* ou *dents* des bords des frondes qui se réfléchissent sur eux. *Indusies* (ou *involucres*) ordinairement punctiformes, suborbiculaires ou subréniformes, formées, comme il vient d'être dit, par le repli des lobules ou dents des frondes, quelquefois membranacées ou diaphanes, entières ou denticulées, ou ciliées ; plus rarement intramarginaires.

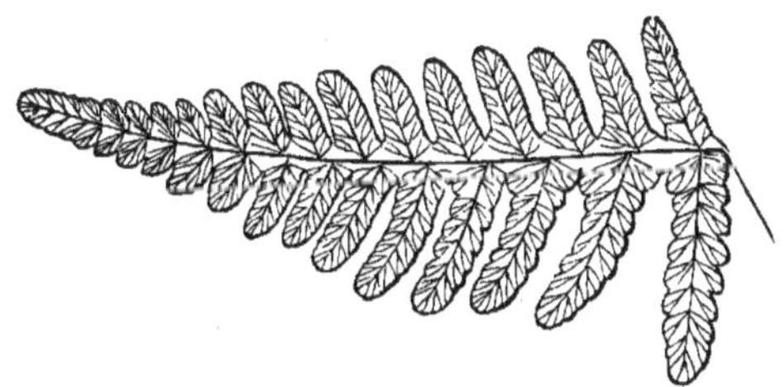

Portion de fronde, vue en dessus.

CHEILANTHES FARINOSA *Kaulfuss.*

(Pl. 23.)

Magnifique espèce, disent avec raison tous les auteurs, et qui rappelle, par l'épaisse poussière blanche qui recouvre toute la face inférieure de ses frondes, les gracieux *Gymnogramma* dont il a été question ci-dessus.

Les frondes, qui atteignent une hauteur de $0^m,20$ à $0^m,30$ et $0^m,60$, sont deltoïdes-lancéolées, bi-pennées, pennatifides au sommet ; à la base, chaque pennule est bi-partite ; toutes sont lancéolées, atténuées-obtuses au sommet, glabres, d'un vert foncé en dessus, et couvertes en dessous de la poussière indiquée, laquelle se retrouve en partie sur les rachis. Pennulines plus allongées aux côtés inférieurs, oblongues, obtuses. Rachis d'un noir d'ébène, couverts près de la base de quelques longues squames d'un rouge-brun, et insérés sur un caudex fasciculé, dressé.

Sores linéaires, continus, quelquefois confluents, et dont les indusies occupent entièrement les bords des segments.

L'habitat de cette très-élégante espèce est également fort étendu. Elle se trouve au Mexique, dans l'Inde, l'Arabie, l'Abyssinie, dans les îles Philippines, de Ceylan, de Java, de la Réunion, etc.

SYNONYMIE.

Pteris decursiva.	Forskal. Swartz.
— *farinosa*	Forskal. Vahl. Swartz.
— *argyrophylla*	Swartz.
— *argentea*.	Bory (non Gemlin, Swartz, Hooker ou Langsdorff et Fischer).
Cheilanthes dealbata	Don. Kunze. Wallich. Schimper.
— *rigidula*	Wallich.
Allosorus dealbatus.	Presl.
Cassebeera farinosa.	J. Smith. Moore et Houlston.
Aleuritopteris dealbata	Fée.

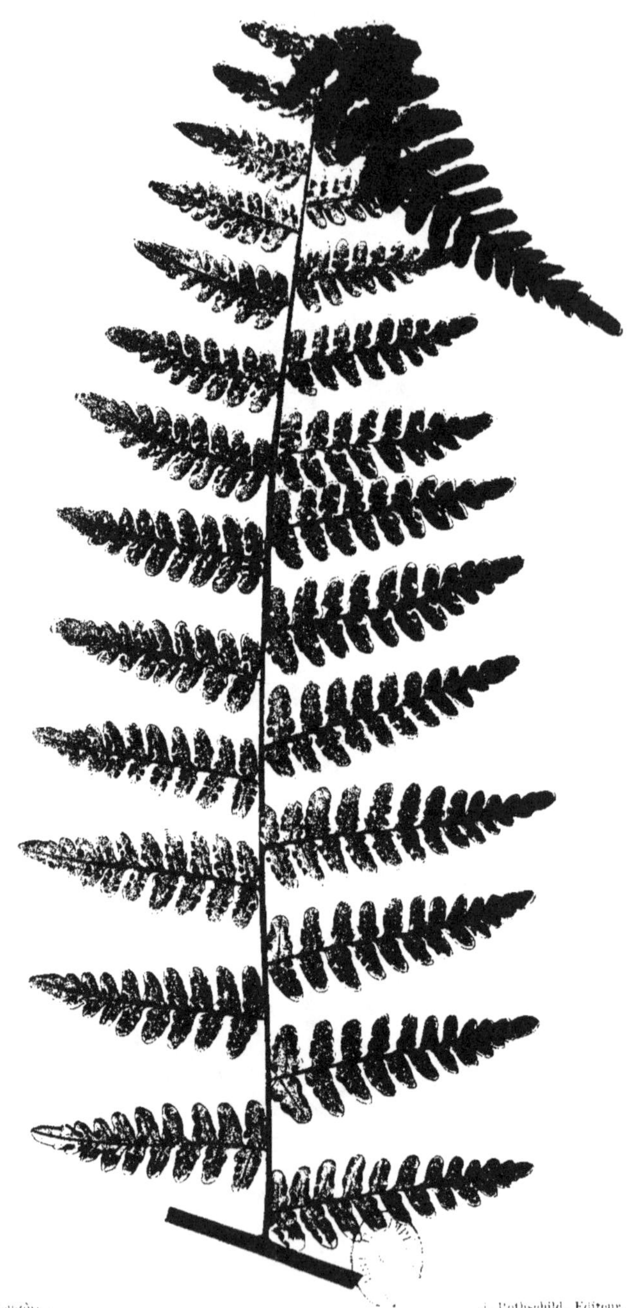

Les Fougères J. Rothschild, Éditeur.

XXIV

CHEILANTHES SPECTABILIS *Kaulfuss.*

(Pl. 24.)

Grande et superbe espèce, élancée, étalée, atteignant 1^{m},60 de hauteur, d'un beau vert, même en dessous, sur lequel tranche la couleur d'un brun vif des sores et celle d'ébène des rachis.

Les frondes sont tri-pennées, glabres, insérées sur un caudex dressé, fasciculé; les rachis sont velus près de la base.

Les pennules, alternes, distantes inférieurement, rapprochées ensuite, surtout au sommet, n'ont pas moins, dans la partie moyenne, de 0^{m},25-27 de longueur. Les segments (pennulines) courts, oblongs, arrondis-obtus au sommet, décurrents à la base, sont légèrement crénelés sur les bords.

Les sores petits, mais apparents, au nombre de trois ou quatre sur chaque bord des pennulines, sont nichés sous une indusie crénelée-arrondie.

C'est une plante du Brésil, où elle croît notamment dans les montagnes des Orgues, sur les rives du Rio-Pernambuco, du Rio-Grande, etc.

SYNONYMIE.

Cheilanthes Brasiliensis . . . . . . RADDI.
— *chlorophylla*. . . . . SWARTZ. KUNZE.
Hypolepis spectabilis . . . . PRESL. HOOKER. LINK.
— *coniifolia*. . . . . PRESL.
Adiantopsis spectabilis . . . . . . FÉE.
Aspidium coniifolium. . . . . . . PRESL.

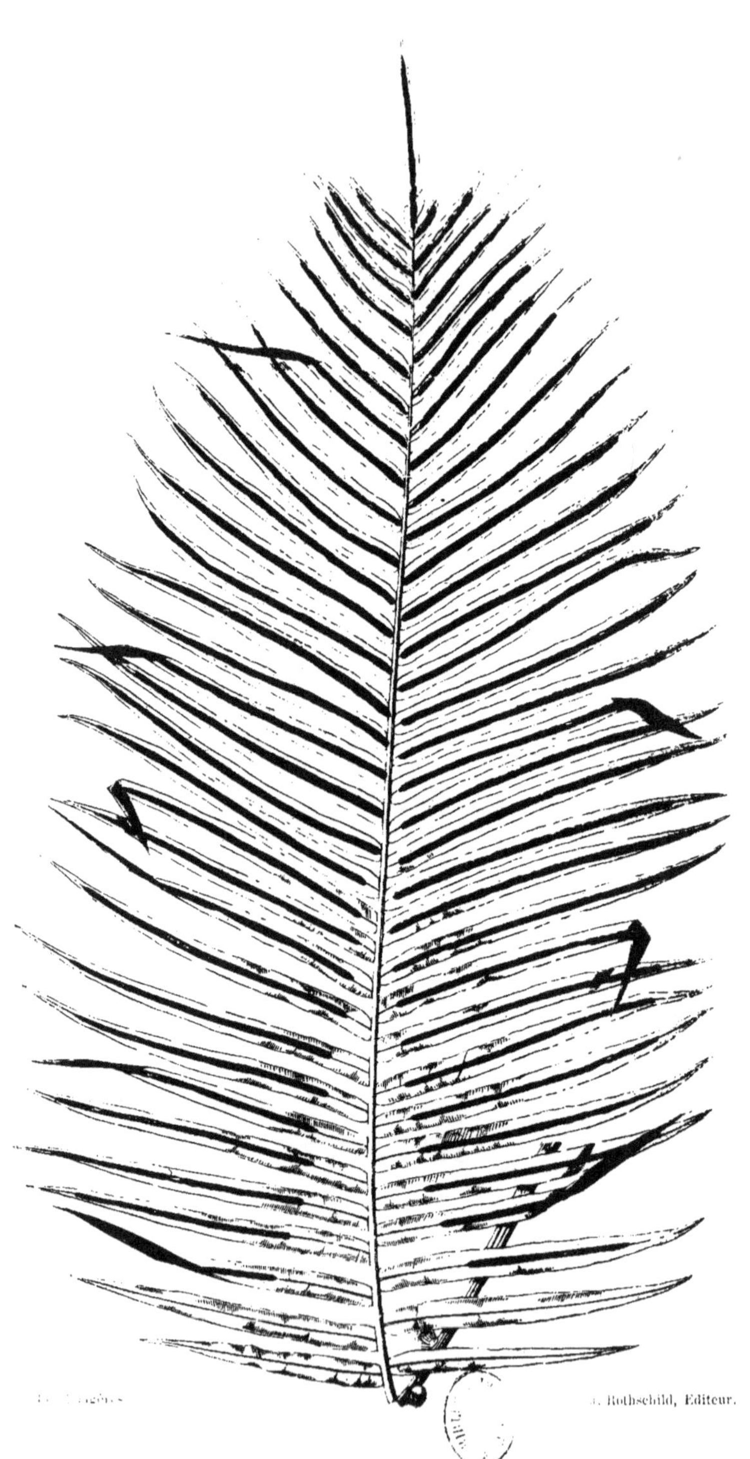

[illegible] Rothschild, Éditeur.

XXV

BLECHNUM.

Étym. — Du grec *Blēchnon*, nom d'une fougère aujourd'hui indéterminée.

Caractères génériques. — *Frondes* simples ou pennatifides, ou pennées. *Pennules* adhérentes ou articulées avec le rachis. *Veines* fourchues; les fertiles combinées près de leur base, à la pointe de l'enfourchure, formant un réceptacle sporangifère, situé généralement près de la nervure médiane. *Sores* linéaires, généralement continus, rarement interrompus.

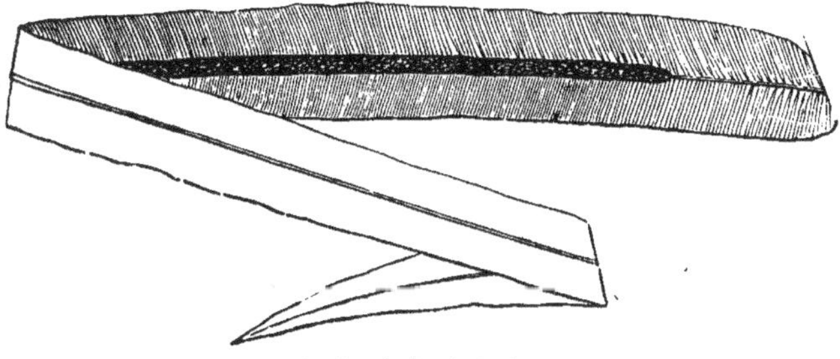

Portion de fronde fertile.

BLECHNUM ORIENTALE *Linn.*

(Pl. 25.)

Frondes simplici-pennées, largement oblongues, hautes de $0^m,50$ à $0^m,80$, d'un vert pâle.

Pennules alternes, rapprochées, adhérentes (sessiles) au rachis (lequel est glabre), inégalement cunéiformes à la base (Lowe), non décurrentes, entières, linéaires, atténuées au sommet, longues de $0^m,20$-25.

Veines épaisses et formant à leur extrémité un bord cartilaginacé.

Originaire de l'Inde, de Java, de la Chine, etc.

J. Rothschild, Editeur.

ASPLENIUM *Linn.*

ÉTYM. — Du grec *Asplènion*, sorte de fougère qu'on employait chez les anciens, paraît-il, contre les maladies de la rate (*splén*).

CARACTÈRES GÉNÉRIQUES. — *Sores* linéaires, ou oblongs, ou allongés, simples et unilatéraux. *Indusie* linéaire, plane ou voûtée, et cylindrique. *Veines* fourchues ou pennées ; *veinules* droites et libres.

Portion de fronde, vue en dessous.

ASPLENIUM AURITUM *Swartz*

(Pl. 26.)

Frondes deltoïdes-allongées, pennées, subacuminées, d'un vert pâle, insérées sur un caudex assez touffu, hautes de 0m,30 ou un peu plus.

Pennules profondément incisées-pennatifides, alternes, acuminées, au nombre de vingt paires environ, dentées en scie sur les bords, pétiolées; le dernier segment (ou pennuline), libre, plus grand et pétiolulé, simulant une oreille, d'où le nom spécifique.

Rachis noirs, verdâtres au sommet des frondes.

Sores unisériés de chaque côté de la nervure médiane, et de forme ovale, dont deux sur chaque segment.

Spontanée dans l'Amérique du Sud et dans les Antilles, entre autres dans la Jamaïque.

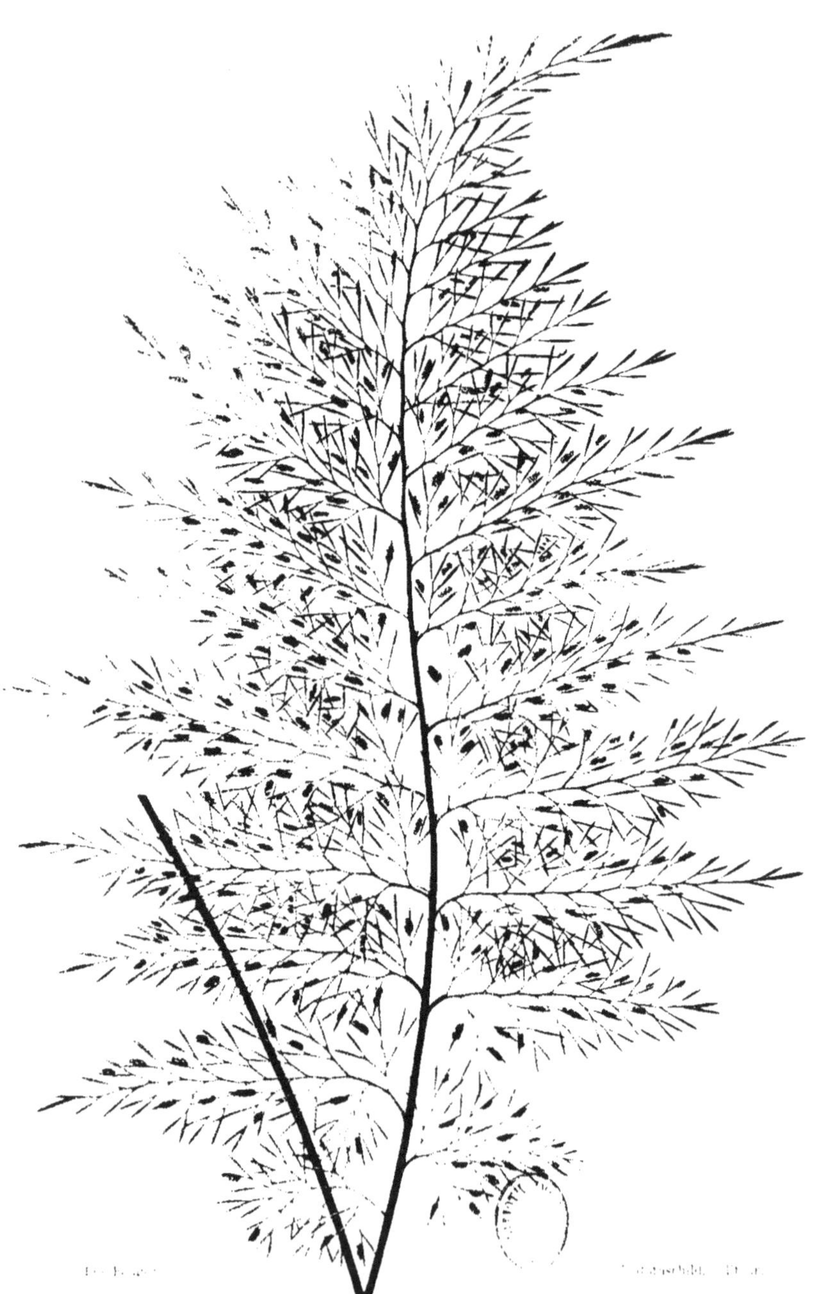

Portion de fronde, vue en dessus.

ASPLENIUM VIVIPARUM *Presl.*

(Pl. 27.)

Au premier aspect, on prendrait cette fougère pour quelque espèce d'*Equisetum* (Prêle). Rien de plus délié, de plus fin, de plus aérien que ses frondes, dont les segments multi-décomposés sont filiformes et presque capillaires; comme celles de plusieurs autres fougères, elles ont la propriété de produire des rejetons à leur sommet (d'où le nom spécifique), excellent moyen de multiplication, outre le semis des spores.

Rhizome rampant, écailleux. Frondes tri-pennées, glabres, oblongues, lancéolées-acuminées dans leur circonscription, penchées-recourbées vers le sol sur lequel viennent souvent s'enraciner d'elles-mêmes les prolifications dont nous avons parlé tout à l'heure; elles atteignent 0^{m},30-36 de longueur.

Rachis noirâtres verdissant au sommet.

Pennules deltoïdes-lancéolées, très-aiguës, alternes, horizontales, pétiolées. Pennulines (pennées) bi-sériées, pétiolulées, composées de cinq ou six courts segments filiformes, simples ou fourchus.

Sores solitaires, ovales, occupant, à raison d'un ou deux, le milieu de chaque segment.

Originaire de l'Ile de France, et se trouvant probablement aussi dans celle de la Réunion, sinon même à Madagascar.

SYNONYMIE.

Asplenium fœniculaceum	H. B. K.
Darea vivipara	Willdenow. Fée.
— *fœniculacea*.	Sieber.
Cænopteris vivipara.	Bergius. Bergm.

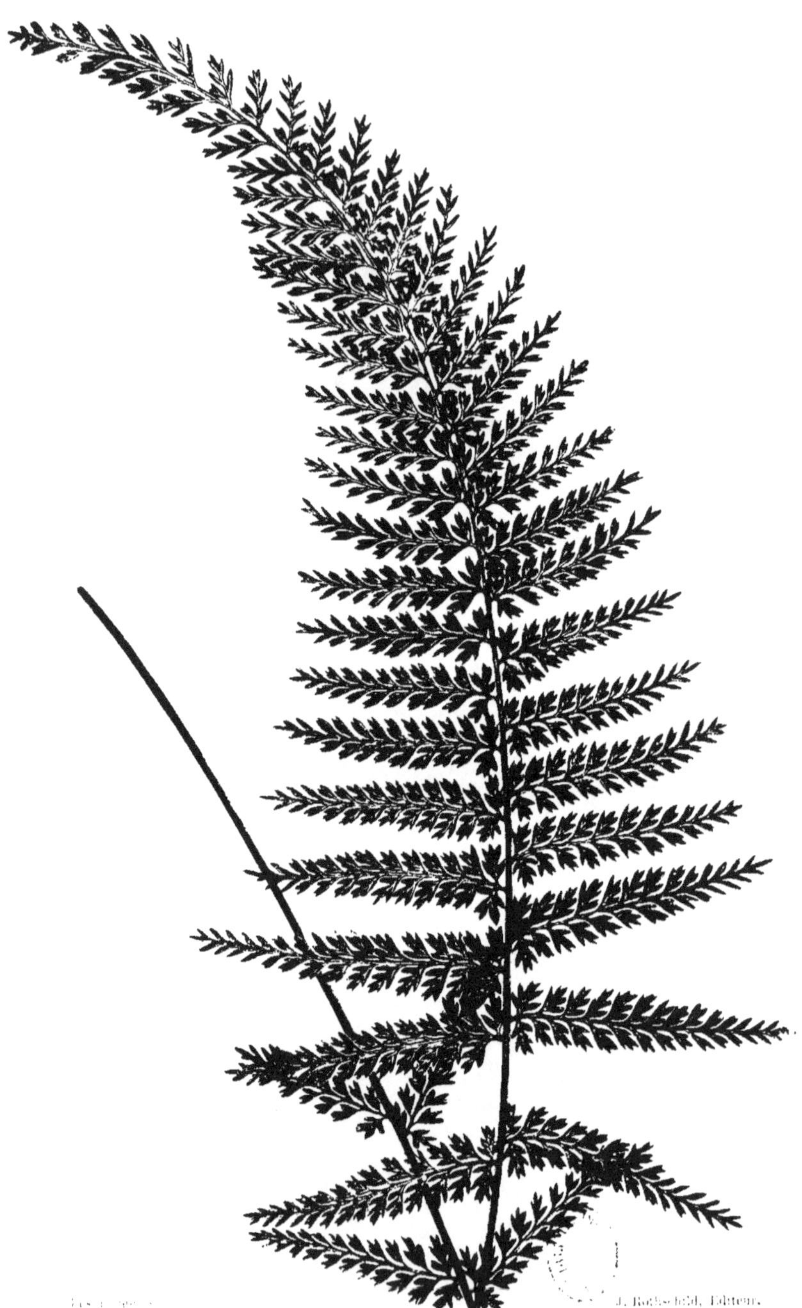

J. Rothschild, Éditeur.

XXVIII

Portion de fronde, vue en dessous.

ASPLENIUM CICUTARIUM *Swartz.*

(Pl. 28.)

Frondes oblongues-lancéolées, atténuées-acuminées au sommet, tri-pennées, hautes de $0^m,30$-$0^m,45$, d'un vert brillant et s'élevant d'un caudex fasciculé-dressé.

Rachis ailés (Lowe), d'un noir d'ébène, verdâtres de la moitié au sommet, et profondément canaliculés en dessus jusqu'à l'extrémité des frondes.

Pennules pennées, presque sessiles, alternes, oblongues-aiguës; pennulines (ou segments) bi-sériées, à peine pétiolulées, cunéiformes à la base, et à segments linéaires-oblongs, aigus.

Sores petits, oblongs, occupant le côté inférieur des segments.

Elle croît spontanément à la Jamaïque.

SYNONYMIE.

Asplenium dissectum	HOOK.
Darea cicutaria.	WILLDENOW. FÉE.
— *membranacea*	POIRET.
Cænopteris cicutaria.	THUNBERG. PETIVER. PLUMIER
Filix pinnulis-cristatis	PLUMIER.

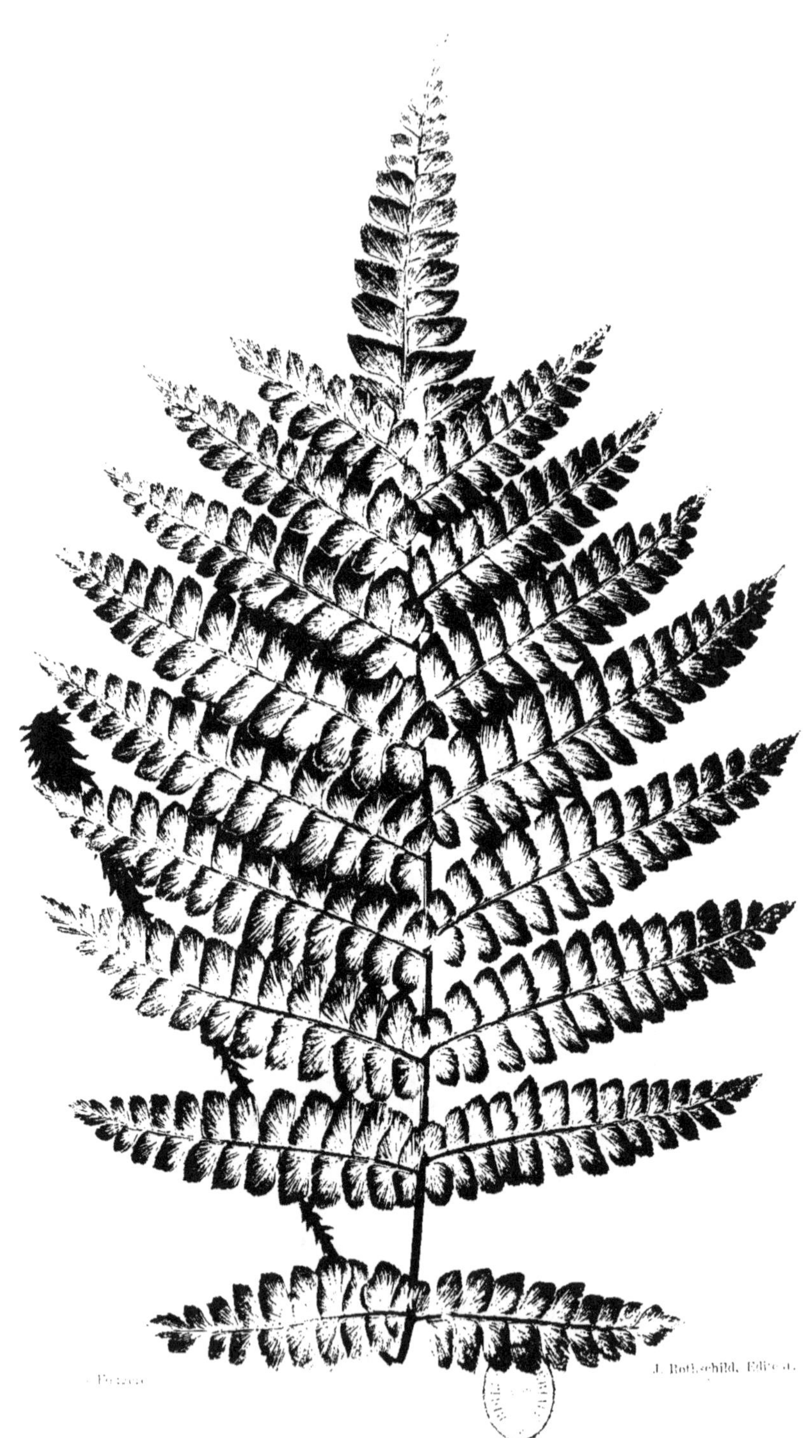

J. Rothschild, Editeur

DIDYMOCHLÆNA *Desvaux.*

Etym. — Du grec *didymos* double, et *chlaina* manteau. Allusion à la double indusie dans ce genre.

Caractères génériques. — Comme le genre ne se compose que d'une seule espèce[1], la description détaillée qui suit donne à la fois les caractères et du genre et de la plante dont il s'agit.

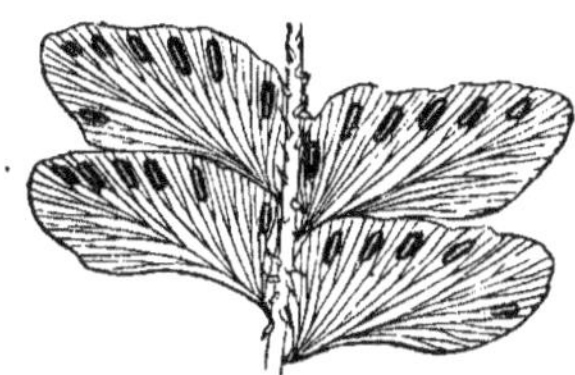

Portion de fronde, vue en dessous.

DIDYMOCHLÆNA TRUNCATULA *Smith.*

(Pl. 29.)

Stipe arborescent, atteignant environ $0^m,60$-$0^m,70$ de hauteur (plus encore probablement), et se couronnant d'une touffe de grandes frondes, longues de 1^m à $1^m,60$ ou $1^m,70$, sur $0^m,40$-60 de largeur.

Frondes bi-pennées, largement oblongues-lancéolées. Pennules oblongues-lancéolées, aiguës, sessiles, alternes. Pennulines brièvement oblongues-obtuses, subrhomboïdales, coriaces, subimbriquées (c'est-à-dire que les bords supérieurs des unes viennent empiéter sur les bords externes des infé-

1. Toutefois la *D. sinuosa* de Schott, que les auteurs lui réunissent (à tort vraisemblablement), présente assez de différences spécifiques pour en être regardée comme distincte.

rieures), tronquées-dimidiées à la base, et là articulées avec le rachis; les bords supérieurs finement denticulés-crénelés; les bords inférieurs terminés par la nervure principale.

Rachis et nervures principales couverts d'un duvet ferrugineux et de longues et étroites squames brunes.

Veines fourchues, radiées; veinules directes, libres, et l'extérieure fertile.

Sores elliptiques, solitaires, au nombre de cinq ou six, situés sur le sommet d'une veinule, et non loin des bords des pennulines. Indusies conformes, et embrassant les sores longitudinalement du centre aux extrémités.

L'habitat de cette élégante fougère est immense, tellement divers, que nous devons élever quelques doutes à cet égard. Ainsi, on la dit indigène en Asie, dans l'Amérique tropicale et australe, dans les Grandes Antilles (Hispaniola, Saint-Domingue), au Brésil, dans l'Archipel malais, dans les îles de Java et Philippines.....

Ce qui confirme nos doutes à cet égard, c'est la nombreuse synonymie qui suit (d'après M. Lowe).

SYNONYMIE.

Didymochlæna sinuosa	Desvaux. Kaulfuss. Sprengel. Link. Presl. Fée. Martens. Schott, MS.
— *squamata*	Desvaux.
— *pulcherrima*	Dans divers jardins.
— *lunulata*	Desvaux. Kunze.
Addisium truncatulum	Swartz.
— *squamatum*	Willdenow.
— *cultratum*	Presl.
— *pulcherrimum*	Dans divers jardins.
— *truncatum*	Willdenow.
— *lunulatum*	Houttuyn.

Adiantum lunulatum	HOUTTUYN (non BURMANN, SPRENGEL, WILLDENOW, PRESL, SWARTZ, MOORE et HOULSTON, HOOKER et GREVILLE, WALLICH, FÉE, RETZIUS, RHEED).
— *fruticosum*	ARRAB.
Asplenium ramosum.	POIRET.
Tegularia adiantifolia.	REINWARDT.
Diplazium pulcherrimum	RADDI.

Les Fougères	J. Rothschild. Éditeur.

XXX

ASPIDIUM *Swartz.*

Étym. — Du grec *aspidion*, petit bouclier. Allusion à la forme de l'indusie.

Caractères génériques. — *Veines* costées ; *veinules* composées-anastomosées, des côtés desquelles se prolongent des *veinulines* libres, qui se terminent dans les aréoles. *Sporanges* situés sur les angles au point de confluence des veinulines. *Sores* arrondis, uni-sériés sur chaque côté des veines ou veinules primaires anastomosées.

Indusies le plus souvent orbiculaires et centrales, plus rarement réniformes.

(Sections ou sous-genres, ou genres distincts, selon les auteurs : *Sagenia*, Presl; *Cyrtomium*, Presl; *Nephrodium*, Schott; *Lastrea*, Bory; *Polystichum*, Roth).

Portion de fronde, vue en dessous.

ASPIDIUM TRIFOLIATUM *Swartz.*

(Pl. 30.)

Frondes deltoïdes-allongées, glabres, pennées, dressées, entièrement fertiles, hautes de 0^m,25-45, d'un vert plus ou moins sombre. Pennules brièvement pétiolées, les terminales sessiles, les inférieures triangulaires-tri-lobées à la base, toutes acuminées, incisées-pennatifides, à bords obtus, cordées-auriculées à la base. Rachis robustes, d'un brun sombre, pourvus de quelques écailles près de la base.

Sores arrondis, nombreux, gros, saillants; indusies peltées.

Amérique tropicale, Grandes Antilles, etc.

SYNONYMIE.

Polypodium trifoliatum	Linn. Jacquin.
Bathium —	Fée. Link.
Aspidium heracleifolium	Willdenow. Plumier.
Polypodium Pica	Poiret.
Aspidium —	Desvaux.

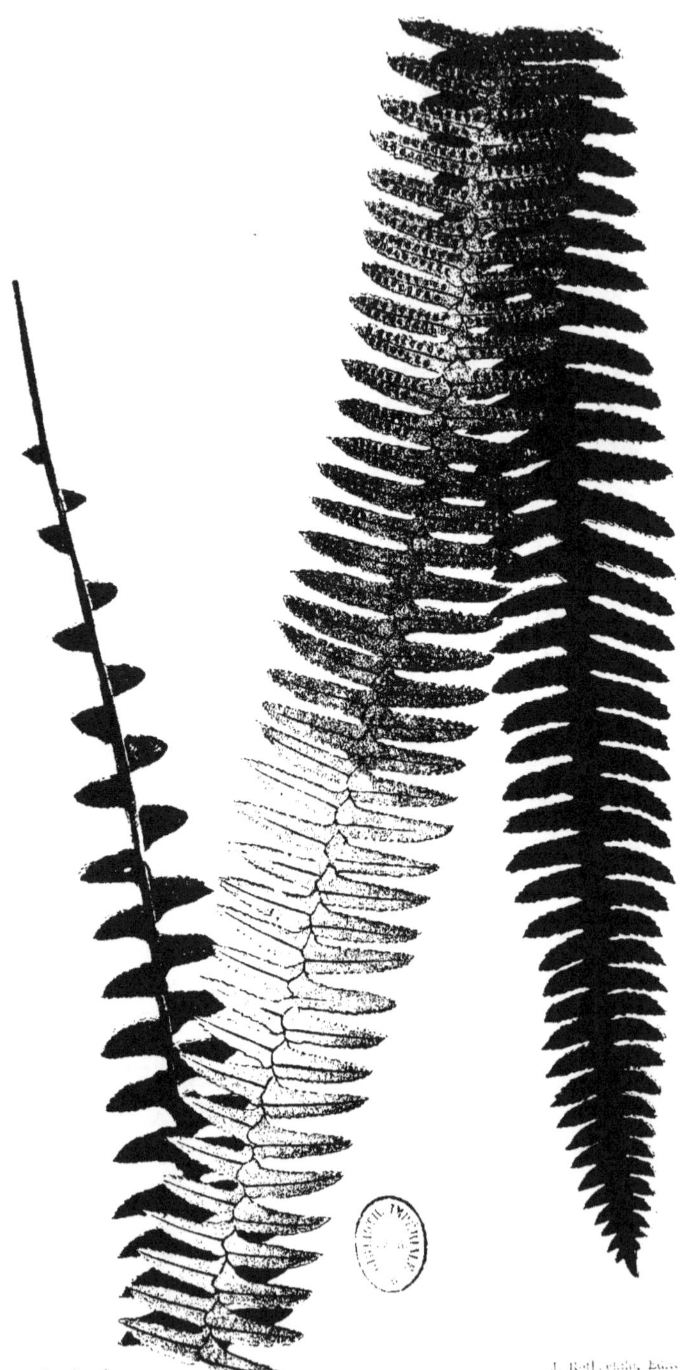

Les Fougères. J. Rothschild, Éditeur

XXXI

NEPHROLEPIS *Schott.*

Étym. — Du grec *nephros* rein, et *lepis* écaille. Allusion à l'aspect réniforme des indusies dans ce genre.

Caractères génériques. — *Veines* fourchues; *veinules* claviformes, libres, les basilaires extérieures seules fertiles. *Sores* terminaux, arrondis, submarginaux, transverses, unisériés près de chaque bord des pennules. *Indusies* réniformes ou subréniformes.

Pennules caduques. *Caudex* court, dressé, stolonifère. *Stolons* fasciculés, ou allongés-rampants, quelquefois tuberculés.

Portion de fronde, vue en dessous.

NEPHROLEPIS EXALTATA *Schott.*

(Pl. 31.)

Frondes glabres, pennées, très-longuement linéaires-lancéolées, aiguës, grêles, atteignant de $0^m,60$ à $1^m,50$ de hauteur, sur $0^m,05$ à $0^m,08$ de largeur, portant environ cent-vingt paires de pennules d'un vert pâle. Sores arrondis, unisériés de chaque côté de la nervure principale, et occupant soit la moitié, soit la totalité des pennules (vingt paires environ dans le second cas, mais inégalement). Indusies conformées comme il a été dit aux caractères génériques. Rachis couverts d'étroites squames brunes. Veines fourchues; veinules droites et libres.

Amérique centrale et méridionale, Antilles, îles Sandwich, Nouvelle-Hollande.

Cette fougère, en raison de ses tiges rampantes et de ses frondes légèrement flexueuses, peut être avantageusement utilisée pour les suspensions : elle est d'un très-bel effet.

SYNONYMIE.

Polypodium exaltatum	LINN. PLUMIER.
— *rivulare*.	VAHL.
Aspidium exaltatum	SWARTZ. SCHKUHR ? RADDI. KAULFUSS. SPRENGEL.
— *eminens*	WICKSTR.
— *ensifolium*	BLUME (non SWARTZ).
— *flagelliferum*	WALLICH.
— *sublanosum*.	WALLICH, en partie.
Nephrodium exaltatum	LINK. BROWN. HUMBOLDT et BONPLAND.
Nephrolepis commutata.	SCHOTT.

J. Rothschild, Éditeur.

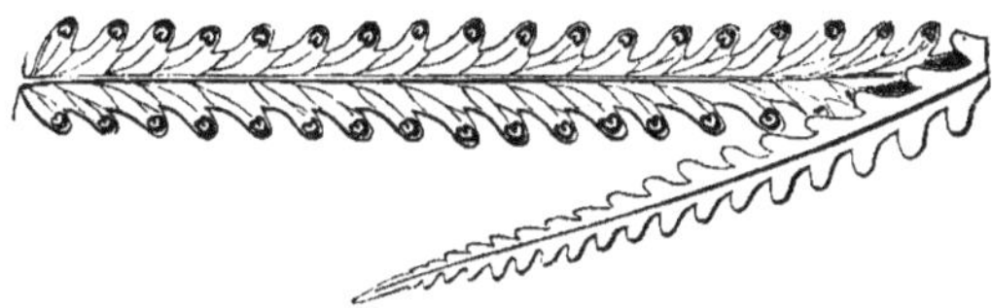

Portion de fronde fertile.

NEPHROLEPIS DAVALLIOIDES *J. Smith* et *Moore.*

(Pl. 32.)

Fort curieuse espèce à cause de la double forme qu'affectent ses frondes gracieusement pendantes, et longues de 0m,30 à 0m,60, infertiles, ou fertiles seulement dans la moitié supérieure ou dans les deux tiers; les premières très-courtes, les secondes atteignant les dimensions que nous venons de dire.

Frondes pennées, glabres : les stériles, lancéolées-acuminées et finement denticulées sur les bords, sont longues d'environ 0m,12 sur 0m,020 de diamètre, sessiles, alternes; les fertiles, beaucoup plus étroites et plus allongées (0m,27 sur à peine 0m,014 de diamètre), sont longuement acuminées, profondément crénelées-lobées, à lobes obliques.

Rachis couverts de fines et étroites squames, canaliculés et verts en dessus, arrondis et brunâtres dorsalement, surtout vers la base.

Veines fourchues, veinules directes et libres. Sores arrondis, réniformes, gros, situés au sommet de chaque lobe, et sur les deux côtés des pennules.

Indusies conformes, placées le long et en dedans des bords extrêmes des lobes.

Indigène des Indes orientales, des îles de la Malaisie et de Java.

SYNONYMIE.

Aspidium davallioides. . . . . . . SWARTZ, HOOKER, SPRENGEL.

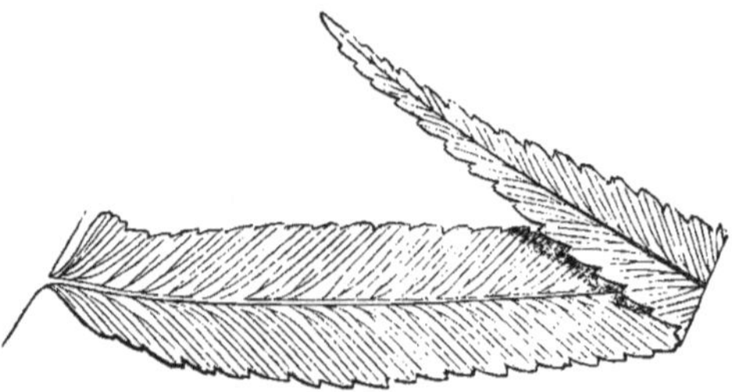

Portion de fronde stérile.

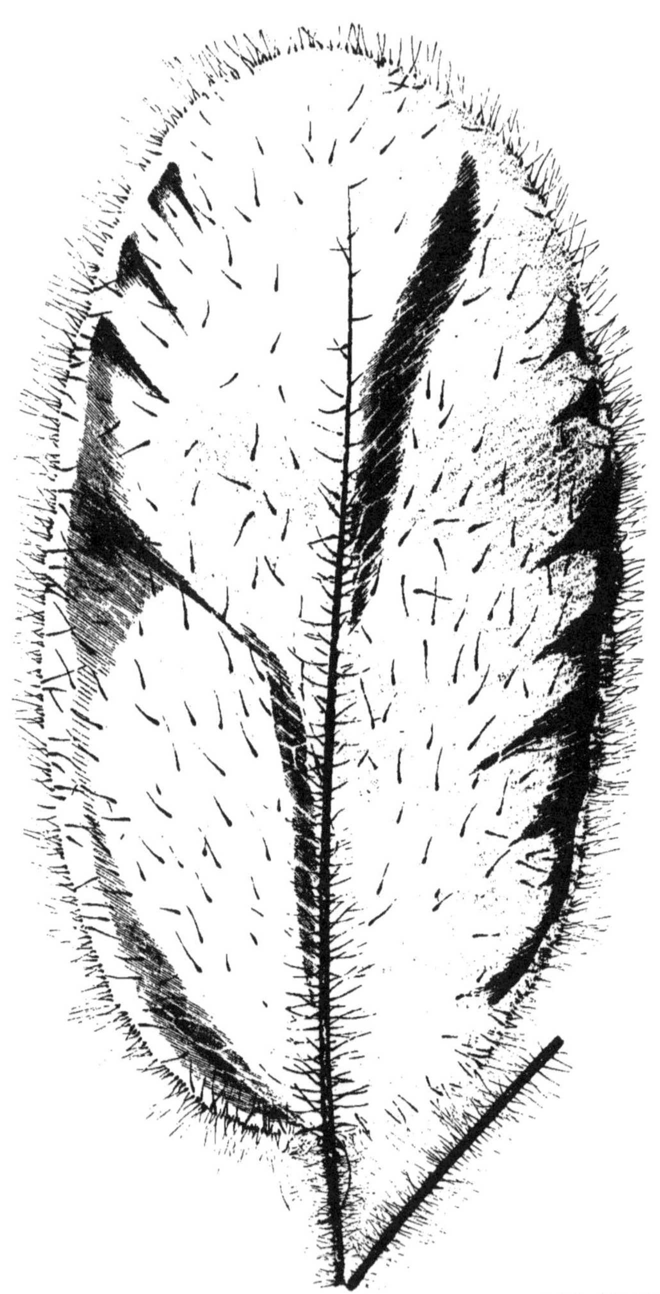

J. Rothschild, Editeur

HYMENODIUM *Fée.*

ÉTYM. — Du grec *hymen*, *hymenos*, membrane, et *eidos* forme.

CARACTÈRES GÉNÉRIQUES. *Frondes* simples, entières, velues-squamifères ; *veines* réticulées, à larges mailles, allongées, tétra-pentahexagones. Les frondes fertiles sont plus grandes et couvertes en dessous de *sporanges* nombreux et serrés.

Portion de fronde, vue en dessous.

HYMENODIUM CRINITUM *Fee.*

(Pl. 33.)

Dans ce genre, créé par M. Fée, il n'existe que trois espèces : celle dont nous nous occupons et les *H. Kunzeanum* et *crassifolium*. Ce sont des fougères très-voisines entre elles, d'un aspect tout particulier, d'un grand effet ornemental.

Chez l'*H. crinitum*, le rhizome est cespiteux, épais, et couvert de nombreuses écailles. La partie pétiolaire des rachis, haute de $0^m,15$ à $0^m,20$, est hérissée de poils noirs, ou squames, longs de $0^m,014$-15. Les frondes, d'un vert sombre ou même noirâtre, sont épaisses, coriaces, simples et très-entières, ovales-elliptiques, les fertiles plus courtes que les stériles; elles atteignent souvent, dans de bonnes conditions,

$0^m,35$ à $0^m,60$ de hauteur, sur un diamètre de $0^m,15$ à $0^m,25$. Leur surface et leurs bords sont couverts de poils, ou écailles filiformes, semblables à ceux des rachis.

Les sores occupent toute la face inférieure des frondes, à l'exception des bords.

Les veines forment un réseau à mailles (veinules) très-allongées et souvent hexagonales.

Cette curieuse plante habite l'Amérique méridionale et les Grandes Antilles (Jamaïque). Un auteur dit l'avoir reçue du Mexique, où Galeotti l'aurait récoltée à la hacienda (ferme) de Zacuapan (près de Vera-Cruz), dans les profondes et humides anfractuosités des rochers.

SYNONYMIE.

Acrostichum crinitum	LINN. KUNZE. SPRENGEL. LIEBMANN. SWARTZ. PLUMIER. HOOKER et GREVILLE. (non MARTENS et GALEOTTI).
Dictyoglossum —	J. SMITH. MOORE et HOULSTON. SCHOTT.
Olfersia crinita.	PRESL.

Les Fougères.

J. Roth[illegible]

[illegible]

XXXIV

PLATYCERIUM *Desvaux.*

ÉTYM. — Du grec *platys* large, et *keras* corne. Allusion à la forme des frondes.

CARACTÈRES GÉNÉRIQUES. — *Frondes* fertiles, non pennées, mais profondément découpées-fourchues, épaisses, coriaces, de texture un peu spongieuse, atténuées à la base en une sorte de pétiole inséré sur des frondes stériles étalées sur le sol, ou plutôt sur les arbres (leur station naturelle); ces dernières très-larges, sessiles, entières, couvertes en dessous d'une fine pubescence stelliforme bleuâtre, lisses en dessus et d'un vert très-pâle.

Veines composées, fourchues, extrêmement allongées-anastomosées; les *veinulines* libres et se terminant dans les aréoles formées par les veines et les veinules.

Sores couvrant le sommet des frondes.

Les *Platycerium*, peu nombreux en espèces, forment un groupe d'un aspect extraordinaire parmi les Polypodiacées; on dirait de certains Lichens gigantesques : toutes sont épiphytes, éminemment ornementales, et doivent être cultivées sur un morceau de planche molle, poreuse et suspendue, mais beaucoup mieux encore dans des corbeilles de bois remplies de terre de bruyère grossièrement divisée et mélangée par parties égales de *sphagnum*.

Platycerium alcicorne, d'après une photographie.

PLATYCERIUM ALCICORNE *Desvaux*.

(Pl. 34.)

Comme nous l'avons dit aux caractères génériques, les frondes sont de deux sortes. Les stériles sont sessiles, subcirculaires, longtemps persistantes, mais se succédant à la base où s'insèrent les fertiles, planes et ondulées vers les bords. Ces dernières, portées comme sur une sorte de rhizome, sont subdressées ou horizontales, longuement atténuées à la base, s'élargissant peu à peu vers le sommet, lequel est profondément divisé en de longues et larges lanières, gracieusement recourbées, simples ou fourchues, et chargées sur toute leur surface de nombreux sores continus.

Comme beaucoup d'autres fougères, son habitat est tellement immense qu'on pourrait supposer qu'il y a là erreur d'espèces. Ainsi, on l'indique comme spontanée en Asie (Indes orientales), dans la Malaisie, dans les îles de la Sonde (Java), dans la Nouvelle-Hollande (Nouvelle-Galles du Sud), à Madagascar, et enfin au Pérou.

SYNONYMIE.

Acrostichum alcicorne. . . . . . . SWARTZ. TURPIN. SPRENGEL. WILLEM. KAULFUSS (non SHKUHR).
— *bifurcatum*. . . . . CAVANILLES (non SWARTZ).
— *stemmaria*. . . . . . COMMERSON. SCHOTT (non BEAUVAIS).
Nevroplatyceros alcicornis. . . . . FÉE.

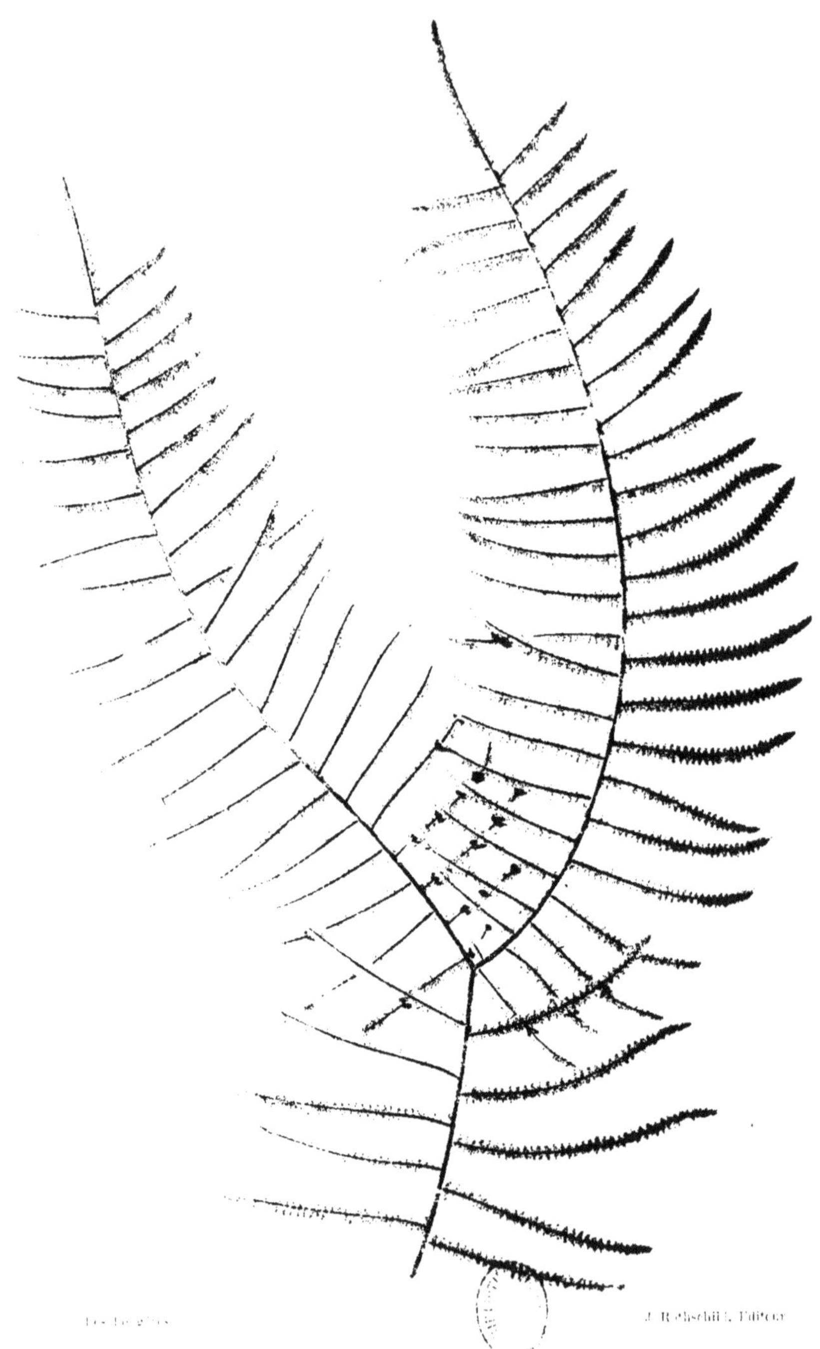

J. Rothschild, Éditeur

XXXV

GLEICHENIA *Smith.*

Étym. — Dédiée à *Gleichen*, botaniste allemand.

Caractères génériques. — *Veines* fourchues, simples ou pennées; *veinules* libres, les extérieures sporangifères au sommet. *Sores* ponctiformes, nus (sans indusie), superficiels ou immergés, contenant un petit nombre de *sporanges* sessiles et caduques.

Frondes dichotomes, ramifiées-pennées.

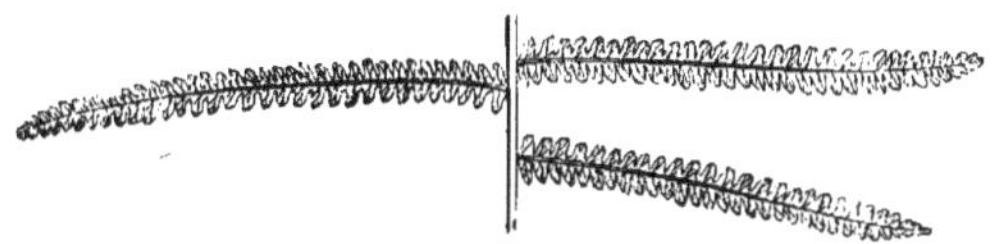

Portion de fronde.

GLEICHENIA MICROPHYLLA *Brown.*

(Pl. 35.)

Frondes à divisions divariquées, dichotomes, pennées, hautes de 1^m à $1^m,50$ et d'un beau vert; pennules pennatifides, glabres, et dont les segments ou pennulines, presque arrondis et pleins, à bords recourbés, laissent facilement voir les sores (faisant dès lors fonction d'indusies).

Rachis et rameaux couverts de poils paléiformes, de couleur ferrugineuse. Veines indistinctes.

Sores terminaux, au sommet des veinules, ponctiformes, nus, et contenant seulement trois ou quatre sporanges.

C'est une fougère d'une rare élégance et d'un grand effet ornemental, par ses hautes frondes ramifiées.

Originaire de Tasmanie et des environs de Port-Jackson (Nouvelle-Hollande).

SYNONYMIE.

Gleichenia Speluncæ	Guillemin (non Brown, Hooker, Moore, Smith).
— *circinata ?*.	Swartz.
— *circinalis*	Swartz. Moore.

J. Rothschild, Éditeur.

ANEMIDICTYON [illegible]

XXXVI

ANIMODYCTION *Presl.*

ÉTYM. — Du grec *aneimôn* nu, et *dyction* filet, réseau. Allusion à l'inflorescence nue et libre, et à la réticulation des veines dans les espèces de ce genre.

CARACTÈRES GÉNÉRIQUES. — Ce genre ne contient que trois espèces : la description de celle dont nous nous occupons les fera par suite suffisamment connaître.

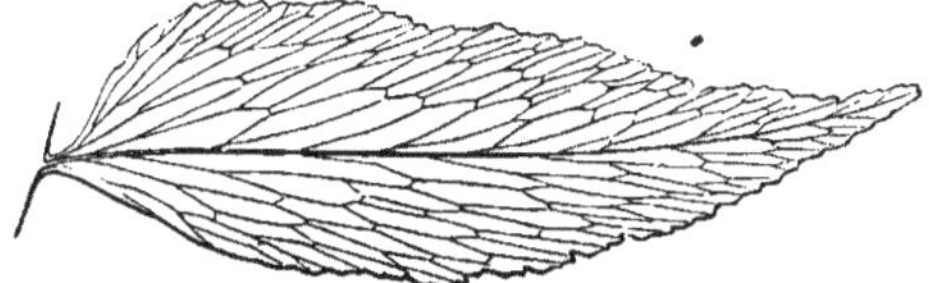

Portion de fronde stérile.

ANIMODYCTION PHYLLITIDIS *Smith.*

(Pl. 36.)

Frondes ternées. L'une stérile, simplici-pennée, haute de 0m,30 à 0m,40, à segments opposés, avec impaire, brièvement pédicellés, lancéolés-oblongs, falciformes, obliquement et inégalement cunéiformes à la base, subacuminés au sommet, finement denticulés sur les bords, à veines anastomosées, et à veinules multiples réticulées au sommet, d'un vert pâle. Les deux autres, naissant à la base, aussi hautes ou plus hautes que la fronde stérile, sont ramifiées-ternées vers le sommet des rachis, et composées entièrement de sores sessiles, très-nombreux, bi-sériés, et couvrant toute la surface des segments, dont la forme disparaît sous eux.

Cette inflorescence, isolée et distincte, rappelle celle de diverses autres fougères, les *Osmunda*, les *Struthiopteris*, etc.

On l'indique comme spontanée dans les Grandes Indes, les Grandes et les Petites Antilles, le Brésil, le Pérou, la Colombie, le Venezuela, le Caracas, la Nouvelle-Grenade et le Mexique. Le voyageur botaniste Liebmann l'a trouvée dans cette dernière contrée, à trois ou quatre mille pieds de hauteur.

SYNONYMIE.

La synonymie est fort nombreuse; mais on peut l'attribuer aux différentes formes de la plante, résultant sans doute de ses diverses stations.

Osmunda phyllitidis	LINN. PLUMIER. LAMARCK. VELLOZ.
— *Brasiliensis*.	VELLOZ.
Ancimia phyllitidis.	SWARTZ. WILLDENOW. SPRENGEL. LIEBMANN. HOOKER. RADDI. DESVAUX. KAULFUSS. LINK. METTENIUS. SCHLECHTENDAL. KUNZE. KLOTZSCH.
— *fraxinifolia*	RADDI. GOLDM. DESVAUX. GAUDICHAUD. KUNZE. SCHOTT.
— *longifolia*.	RADDI. GOLDM. KUNZE.
— *cordifolia*.	PRESL. SPRENGEL.
— *Hænkei*.	MARTENS et GALEOTTI. PRESL. SPRENGEL. KUNZE.
— *lanceolata*	LODDIGES. SWEET.
— *hirta*.	RADDI. POEPPIG (non SWARTZ. WILLDENOW, SPRENGEL, LINK, KUNZE, J. SMITH).
— *sorbifolia*.	SCHRADER.
— *repanda*	R. BROWN.
— *laciniata*.	LINK. KUNZE.
Anemidictyon fraxinifolium. . . .	J. SMITH. PRESL.
— *laciniatum*	PRESL.

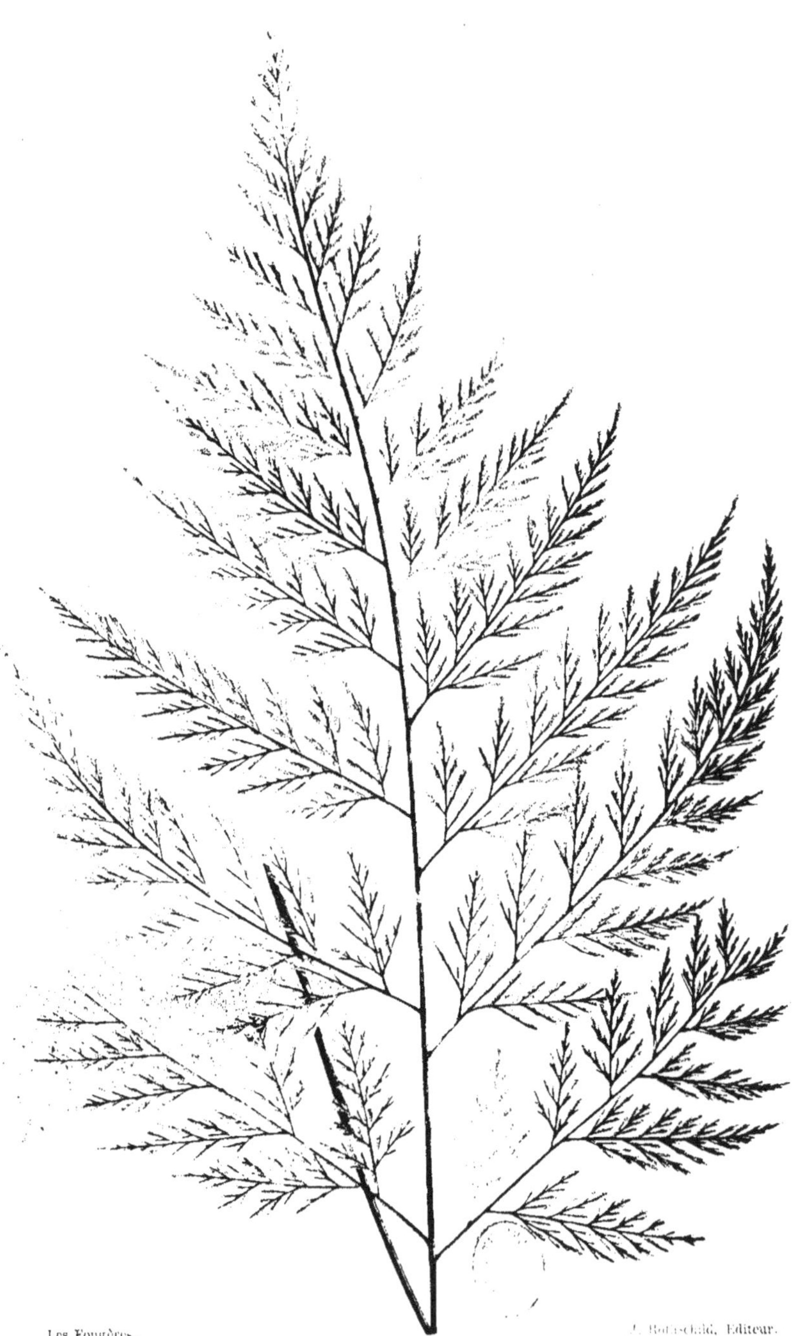

Les Fougères. J. Rothschild, Editeur.

XXXVII

ONYCHIUM *Kaulfuss.*

Étym. — Du grec *onux*, *onuchos*, griffe. Allusion à la disposition des segments des pennules.

Caractères génériques. — *Sores* linéaires ou oblongs linéaires, situés sur la partie dilatée des segments; *indusies* linéaires marginales ou submarginales, opposées ou conniventes, couvrant la pennule transformée; *sporanges* arrondies, naissant dans les aisselles des indusies. *Spores* trigones, grandes (Fée.)

Portion de fronde, vue en dessus.

ONYCHIUM AURATUM *Kaulfuss.*

(Pl. 37.)

Frondes ovées-lancéolées, acuminées, submembranacées, multi-découpées, à divisions primaires et secondaires pennées; elles atteignent 0m,30-0m,40 de hauteur.

Pennules et pennulines alternes, à segments eux-mêmes pennés-plurifides, allongés, subfiliformes, aigus; les fertiles plus longs.

Sores linéaires-allongés, d'un beau jaune d'or; veination simple.

Indigène dans les Indes orientales (Bootan, Népaul, Khasya, etc.), les îles de la Malaisie, les Philippines, Java, etc.

SYNONYMIE.

Lomaria aurea . . . . Wallich.
— *carvifolia* . . . . Wallich.
— *decomposita* . . . . Don ?
Allosorus auratus . . . . Presl.
Pteris chrysocarpa . . . . Hooker et Greville.
— *siliculosa* . . . . Desvaux.

Les Fougères. J. Rothschild, Editeur.

XXXVIII

CERATODACTYLIS *J. Smith.*

Étym. — Du grec *keras*, *keratos*, corne, et *dactylon* doigt. Allusion à la forme des pennules fertiles.

Caractères génériques. — Comme c'est la seule espèce du genre, la diagnose qui suit est à la fois générique et spécifique.

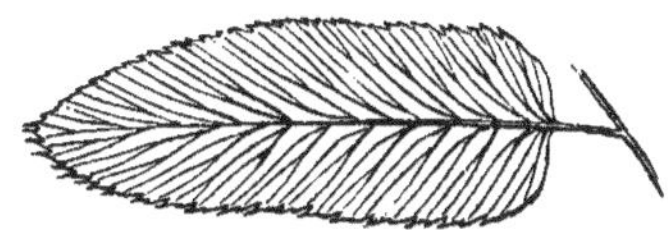

Portion de fronde.

CERATODACTYLIS OSMUNDIOIDES *J. Smith.*

(Pl. 38.)

D'un caudex court, robuste, écailleux, s'élèvent de longs rachis flexueux, grêles et squamifères.

Ils se terminent par des frondes bi-pennées : les pennules de la base sont stériles, grandes, larges; celles du sommet sont excessivement étroites, linéaires, acuminées, fertiles, disposées en une sorte de panicule.

Les premières sont lancéolées-oblongues, obliques à la base, aiguës au sommet, finement denticulées en scie sur les bords, pétiolulées, à veines nombreuses ramifiées-fourchues ou presque simples (dichotomées). Les secondes, linéaires, solitaires, géminées ou même ternées, à bords membranacés, se replient en dessus et forment ainsi indusie.

Sores situés à la bifurcation des veines, devenant linéaires par leur confluence; réceptacle nul, sporanges arrondis et couvrant bientôt, sauf les bords repliés, la surface entière des pennules fertiles.

Cette fougère provient du Mexique; Galeotti l'y a trouvée à sept mille cinq cents ou huit mille pieds d'altitude; il est donc très-probable qu'elle pourrait aussi être cultivée dans les collections de la serre tempérée.

SYNONYMIE.

Llavea cordifolia . . . . Lagasca. Hooker (non Liebman).
Allosorus Karwinskii . . . . Kunze. Bentham. Hooker.
Botryogramme Karwinskii. . . . . Fée.

XXXIX

ANEIMIA *Swartz.*

Étym. — Du grec *aneimôn* nu. Allusion à l'inflorescence nue et libre.

Caractères génériques. — Les auteurs sont fort irrésolus, quant à l'adoption ou au rejet de ce genre. Nous passerons outre et décrirons seulement la plante.

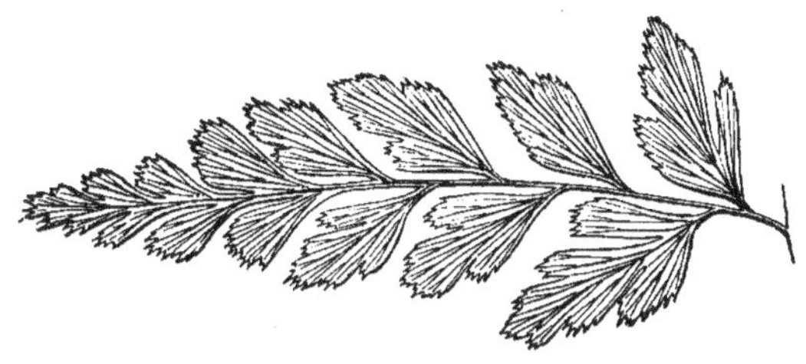

Portion de fronde.

ANEIMIA ADIANTIFOLIA *Swartz.*

(Pl. 39.)

Frondes bi-pennées, tri-pennées même à la base, hautes de 0 ,30-35, fertiles ou infertiles. Pennules alternes toutes pétiolées, sauf celles de l'extrême sommet.

Les infertiles sont pennulinées (excepté au sommet), presque sessiles, cunéiformes à la base, profondément incisées-lobées, assez fortement dentées sur les bords, aiguës ou arrondies au sommet, selon leur ordre de position sur les divisions des rachis.

Rachis très-grêles, couverts, ainsi que les pennules (en dessous), de squames piliformes.

Les fertiles, au nombre de deux (quelquefois une troisième, et celle-ci, dans ce cas, opposée à l'infertile de la base de la fronde), longuement pétiolées sur le rachis commun et incisées plus bas que les infertiles, sont également bipennées, à pennulines distantes, très-courtes, subsessiles, à peu près conformées comme les fertiles.

Veines fourchues et libres.

Sores ovales couvrant toute la surface des pennules.

Curieuse et élégante fougère habitant toute l'Amérique tropicale : les Grandes et Petites Antilles, etc., Tabusco, le Guatimala, le Mexique, etc.

SYNONYMIE.

Anemia cicutaria. . . . . Moore et Houlston (non Kunze).
— *carvifolia*. . . . . Presl. Sprengel.
— *asplenifolia*. . . . . Swartz.
Osmunda adiantifolia. . . . . . . Linn.
— *asplenifolia*. . . . . . . Lamarck.
Anemirhiza adiantifolia. . . . . . J. Smith.
Ornithopteris adiantifolia. . . . . Bernhardi.
Anemia adiantifolia, var. *carvifolia*. . . . . Moore.
Anemia adiantifolia, var. *asplenifolia* . . . . Willdenwo.

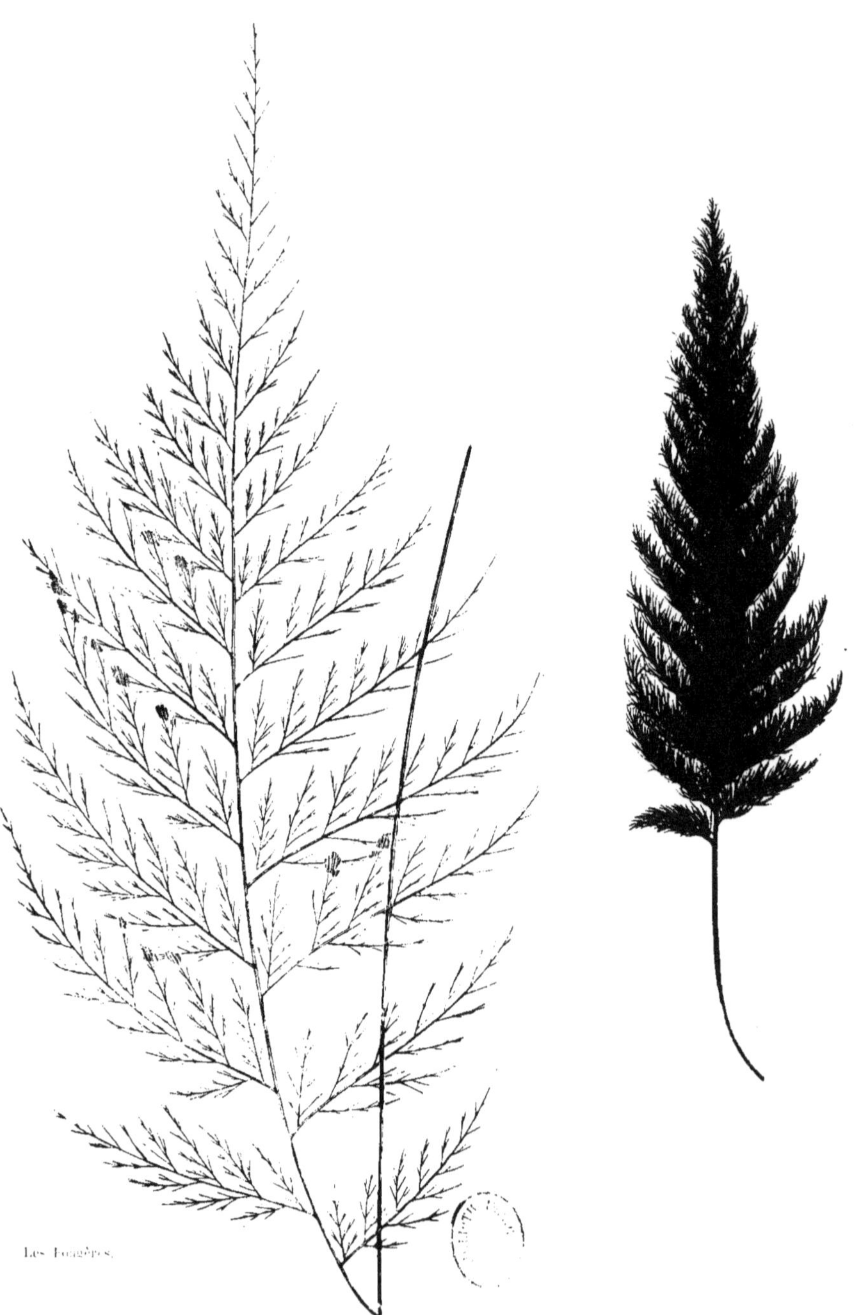

XL.

TRICHOMANES *Linn.*

Etym. — *Trichomanes*, nom, chez les Grecs, d'une fougère que Linnée a appliqué au genre dont il s'agit, et qui, par suite, n'a plus aucun rapport avec le sens primitif de ce nom.

Caractères génériques. — Ce genre remarquable, fort nombreux en espèces, se distingue par la forme et la situation toute particulière de ses *sores*. Ceux-ci sont contenus dans une sorte d'urne ou de coupe (*involucre*) sessile ou saillante, posée sur une veinule des bords de la fronde, et contenant les *sporanges* fixés sur une *columelle*, organe qui simule un véritable pistil, et qui est aussi inclus ou saillant. Toutes les espèces de ce genre sont extrêmement élégantes, véritablement épiphytes (c'est-à-dire qu'elles croissent sur les branches des arbres qui leur servent de support), et curieuses par la conformation de leurs organes reproducteurs.

TRICHOMANES SCANDENS *Linn.*

(Pl. 40.)

Frondes bi-pennées, ovées-acuminées, recourbées-subpendantes à cause de la station de cette fougère sur les arbres, même sur les palmiers, où elle croît et grimpe avec rapidité; ces frondes atteignent de 0^{m},40 à 0^{m},50 de longueur sur un diamètre proportionnel, et sont d'un vert très-pâle.

Pennules lancéolées-acuminées, profondément bi-pennatifides, très-brièvement pétiolulées, décurrentes vers le sommet des frondes; segments oblongs, à bords ciliés; involucres petits, entièrement placés sur les segments latéraux, brièvement bi-labiés; lèvres étalées.

Les rachis, couverts de poils bruns, sont portés par un rhizome sinueux, ramifié, grimpant, tomenteux, brunâtre.

Originaire des Grandes Antilles (Jamaïque) et du Mexique.

Dans nos serres, il faut lui donner beaucoup de chaleur et d'humidité.

TRICHOMANES RIGIDUM *Swartz.* Variété PULCHELLUM.

(Même planche.)

Frondes ovées-oblongues, épaisses, rigides, bi-pennées, hautes de 0m,25 à 0m,32, dressées, d'un vert sombre. Pennules allongées-lancéolées, cunéiformes; segments de grandeur variable, subaigus, simples ou bifides, ou étroitement cylindriques.

Involucres supra-axillaires, placés sur le bord interne des segments inférieurs, libres et à *bouche* (stoma?) entière, non bi-labiée.

Rachis cylindriques, non (ou à peine) ailés; sores nombreux.

Cette variété diffère du type par ses divisions plus serrées; les frondes de celui-ci sont presque plates.

L'habitat de cette espèce (type et variété) est immensément étendu. Ainsi on la signale dans les Grandes et Petites Antilles (Jamaïque, Domingue, Martinique), le Pérou, l'île de France, les îles du Pacifique, les Philippines, à Ceylan, etc.

SYNONYMIE.

Trichomanes pyramidale . . . . . WALLICH.
— *achillæifolium* . . . . WILLDENOW.
— *Mandioccanum*. . . . RADDI.
— *obscurum* . . . . . . BLUME. J. SMITH.

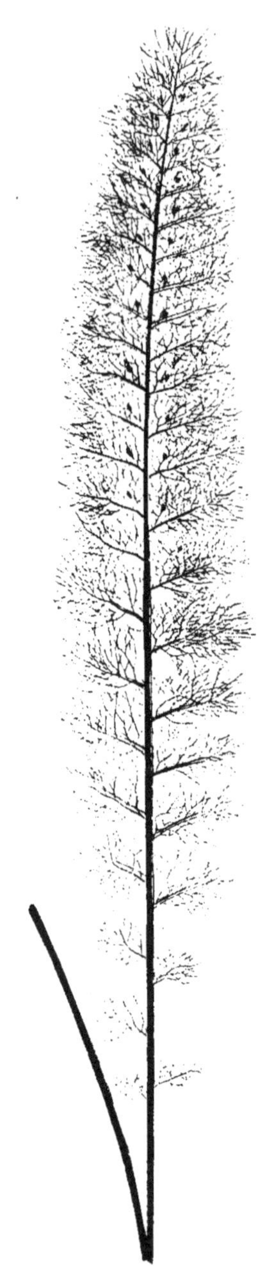

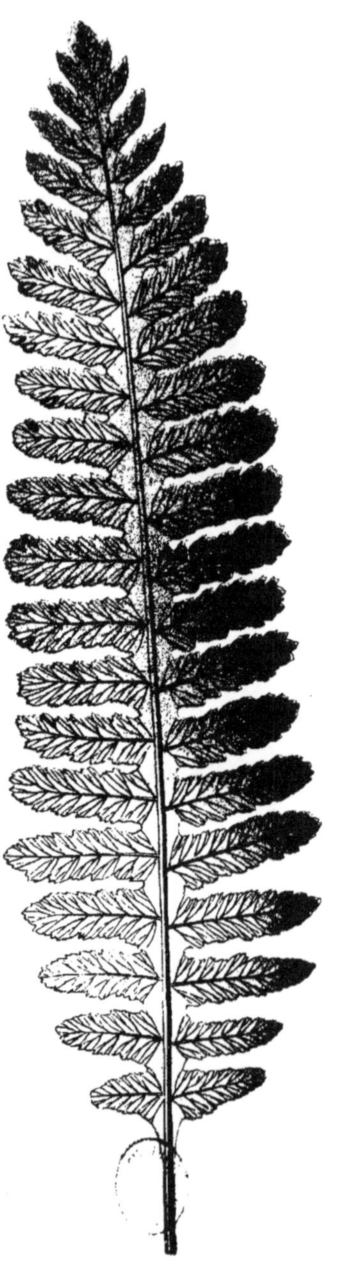

Les Fougères

J. Rothschild, Editeur.

XLI

TRICHOMANES PLUMA *W. Hooker.*

(Pl. 41.)

Dans toute la classe des fougères, on ne voit rien de plus délicat, de plus fin, de plus délié, de plus gracieux que cette plante. On la prendrait au premier aspect, dit M. Nucker, pour une Sertulaire [1], surtout pour la *Sertularia pluma.*

Frondes allongées-lancéolées, rigides, multi-décomposées, pennatifides (tri-*quadri-pennées*), à segments filiformes-subulés, confervoïdes-réticulés, disposés de tous côtés et formant masse.

Ces frondes, hérissées en outre de poils courts et rigides, longues de 0m,25 à 0m,40, sont portées par des rachis très-grêles, insérés sur un rhizome rampant, épars, très-écailleux.

Involucres forts petits, cyathiformes, portés par les divisions extrêmes; le réceptacle ou columelle très-saillant.

Trouvée dans l'île de Bornéo sur des troncs d'arbres en décomposition, parmi des mousses.

TRICHOMANES KAULFUSSII *Hook.* et *Greville.*

(Même planche.)

Rhizome court, robuste, rampant; frondes rapprochées, presque cespiteuses, subpennatifides, ou plutôt pennées, mais à pennules largement décurrentes le long des rachis (dès lors ailés), assez poilues (poils en étoile), oblongues,

1. Les Sertulaires sont des espèces de Polypiers qui vivent dans toutes les mers.

horizontales, opposées, rigides, lobulées-denticulées sur les bords, tant soit peu crispulées, et obtuses au sommet.

Involucres abondants, cylindrico-cyathiformes, entièrement plongées dans les segments qui les portent, à bouche non lobée. Réceptacle ou columelle filiforme, saillant.

Les frondes atteignent de $0^m,25$ à $0^m,50$ de hauteur, et sont d'un vert foncé.

Patrie : la Jamaïque, Saint-Vincent, Saint-Thomas, la Dominique, la Guyane anglaise, etc.

SYNONYMIE.

Trichomanes lucens . . . . HOOKER et GREVILLE.

Les Fougères. J. Rothschild, Éditeur.

XLII

HYMENOPHYLLUM *Smith.*

Étym. — Du grec *hymen*, *hymenos*, membrane, et *phyllon* feuille. Allusion à la ténuité et à la transparence des frondes des espèces de ce genre, qui est très-voisin des *Trichomanes*.

Caractères génériques. — *Involucres* monophylles, cyathiformes, urcéolés, cunéiformes ou orbiculaires, plus ou moins profondément bivalves, quelquefois jusqu'à la base, réticulés, à bords dentés ou entiers. *Réceptacle* (*columelle*) allongé, souvent columniforme, inclus, ou rarement saillant; *sporanges* sessiles, couvrant en tout ou en partie le réceptacle. *Sores* marginaux, latéraux ou terminaux, plus ou moins plongés dans les frondes, terminant toujours une veine.

HYMENOPHYLLUM DILATATUM *J. Smith.*

(Pl. 42.)

C'est une des plus grandes et des plus belles espèces de ce genre; elle vit parmi les mousses, sur des matières végétales en décomposition, sur les rochers, sur les troncs d'arbres, dans la Nouvelle-Zélande et à l'île de Java.

Frondes amples, ovées ou oblongues, tri-pennatifides, acuminées, d'un vert pâle ; les divisions primaires ovées-lancéolées, ainsi du reste que les secondaires, mais subpalmées inférieurement et à segments largement linéaires, acuminés, entiers et gracieusement pendants. Elles s'élèvent à une hauteur de $0^m,40$ à $0^m,60$, et sont d'un vert pâle.

Involucres nombreux, terminaux, orbiculaires, cunéiformes dans leur moitié inférieure, là plongés dans la fronde, plus larges que les segments et à valves semi-orbiculaires et entières. Réceptacles claviformes, non saillants.

Rachis dressés, ancipités-ailés, décurrents presque jusqu'à la base, et d'un vert pâle. Rhizome lisse et de couleur paille brunâtre.

SYNONYMIE.

Trichomanes dilatatum . . . . . . Forster, Blume.

FOUGÈRES

DE

SERRE TEMPÉRÉE.

Les Fougères. J. Rothschild, Editeur.

PLATYLOMA FLEX[illegible]

XLIII

FOUGÈRES

DE

SERRE TEMPÉRÉE.

PLATYLOMA *Smith.*

Etym. — Du grec *platus* large, et *lôma* frange, bordure. Allusion à la position des sores.

Caractères génériques. — *Sores* linéaires oblongs, continus, devenant quelquefois confluents, et formant une large bordure autour des segments. *Indusies* étroites, attachées transversalement au bord extérieur du réceptacle composé. *Veines* fourchues, droites, libres et portant les sores au sommet.

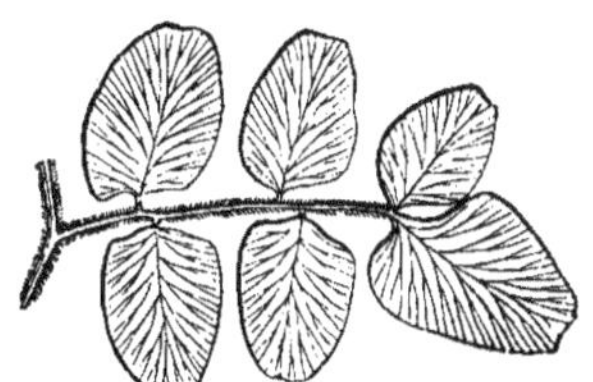

Portion de fronde, vue en dessus.

PLATYLOMA FLEXUOSUM *J. Smith.*

(Pl. 13.)

Frondes tri-quadri-pennées, longues de $1^m,25$ à 2^m environ, d'un vert pâle délicat, subgrimpantes, à divisions zigzaguées, alternes, pubescentes, défléchies. Pennulines petites, ovées-arrondies, glabres, membranacées, cordiformes, ou comme carrées à la base, semi-transparentes, caduques, non persistantes, cartilaginacées sur les bords, très-brièvement pétiolulées.

Rachis latéraux sur un rhizome rampant, verts pendant la jeunesse, puis brunâtres.

Sores linéaires, disposés des deux côtés, mais séparés au sommet et nuls à la base, noirâtres d'abord, et passant plus tard au brun rougeâtre. Indusie fort étroite.

Cette fougère est grimpante et d'un grand effet. Elle croît spontanément au Pérou et dans la Colombie.

SYNONYMIE.

Pellæa flexuosa.	LINN. FÉE. J. SMITH.
Allosorus flexuosus	KAULFUSS. KUNZE.
Pteris flexuosa	PRESL. KAULFUSS. HOOKER. WILLDENOW.
— *cordata*	LINK (non CAVANILLES).

Les Fougères. J. Rothschild, Editeur.

PTERIS VESPERTILIONIS

XLIV

PTERIS *Linn.*

ÉTYM. et CARACTÈRES GÉNÉRIQUES. — Voy. ci-dessus, p. 75.

Portion de fronde, vue en dessous.

PTERIS VESPERTILIONIS *Labillardière.*

(Pl. 44.)

Très-grande, très-belle fougère. Frondes s'élevant de 1m,25 à 1m,60 de hauteur, et diminuant graduellement de largeur de la base au sommet. Pennules opposées, bi-pennulinées, brièvement pétiolées, oblongues-acuminées, longues d'environ 0m,25-30; pennulines opposées, glabres, sessiles, brièvement oblongues, arrondies-obtuses, entières au sommet, et décurrentes sur les pétiolules (divisions secondaires); toutes membranacées, d'un vert jaunâtre en dessus, glauques en dessous.

Rachis écailleux à la base, attachés latéralement à un rhizome écailleux également rampant, d'un brun foncé : ces rachis, d'abord verts, puis glauques, et enfin rougeâtres.

Sores occupant les deux bords des segments (sauf au sommet qui est libre), oblongs-linéaires, d'un brun orangé pâle.

Assez répandue dans la Nouvelle-Hollande et la Nouvelle-Zélande.

SYNONYMIE.

Litobrochia vespertilionis . . . . . J. Smith. Labillardière. Fée. Moore et Houlston. Presl.

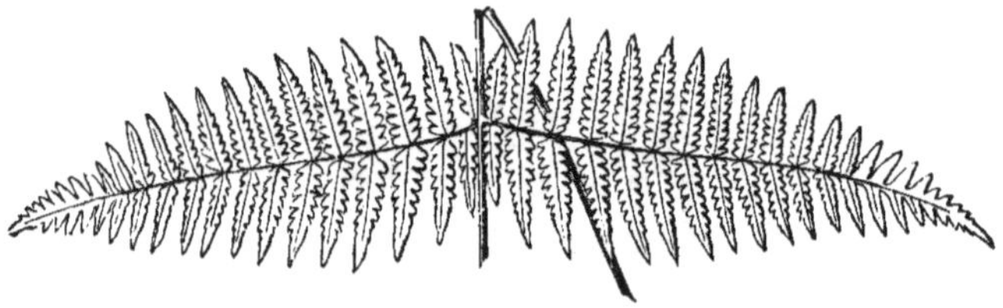

Portion d'une jeune fronde, stérile.

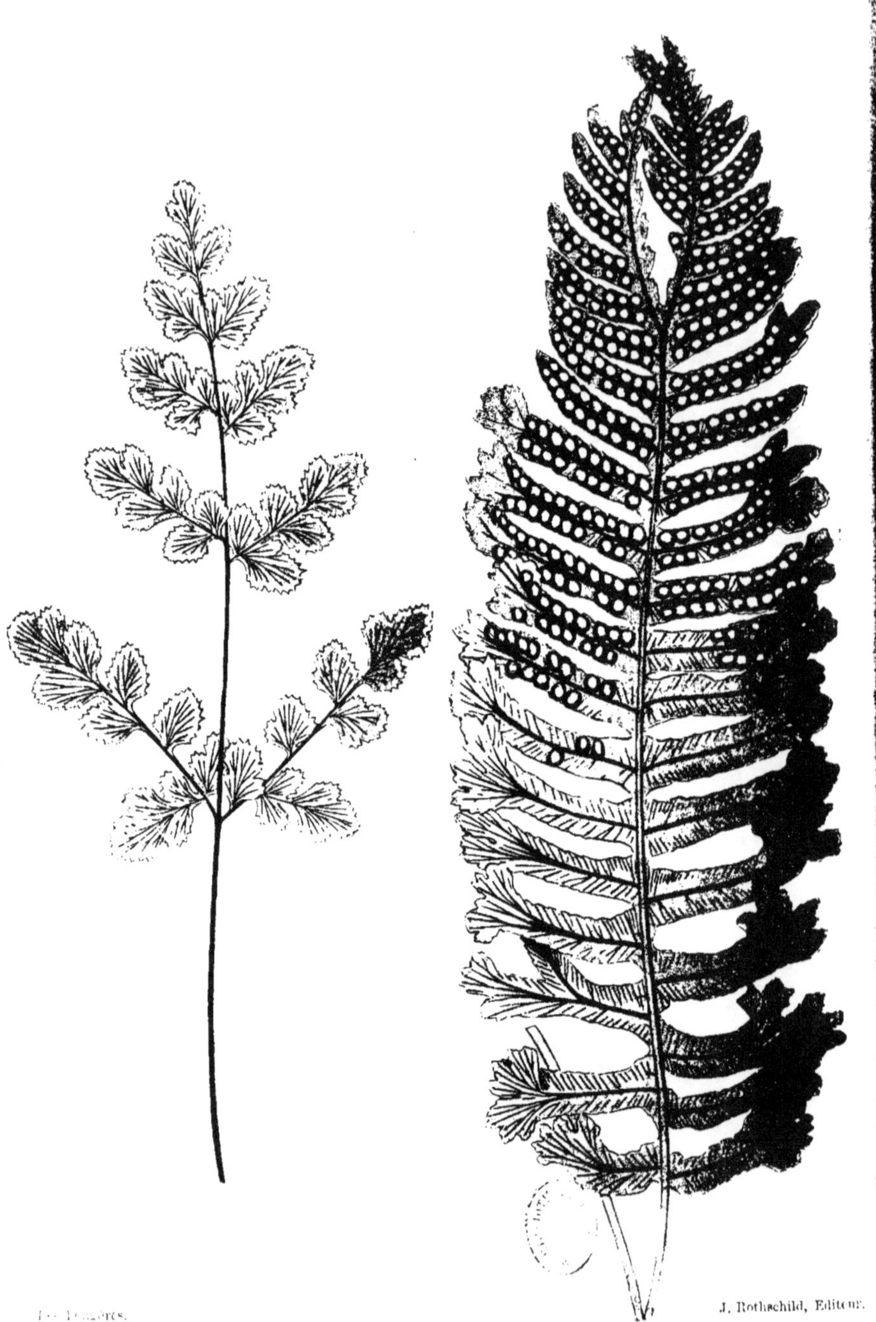

Les Fougères.

J. Rothschild, Editeur.

CHEILANTHES *Swartz.*

ETYM. et CARACTÈRES GÉNÉRIQUES. — Voy. ci-dessus, p. 161.

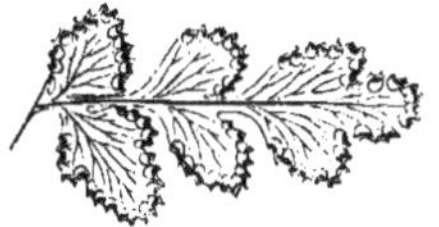

Portion de fronde fertile, vue en dessous.

CHEILANTHES CAPENSIS *Swartz.*

(Pl. 45.)

Gracieuse fougère naine, tenant à la fois, par ses caractères, des *Cheilanthes*, des *Hypolepis* et des *Adiantum*. Par son port et sa nature, elle s'éloigne des espèces des deux premiers genres, pour se rapprocher de l'*Adiantum*, parmi les espèces duquel la placent plusieurs auteurs.

Frondes membranacées, glabres, deltoïdes, bi-pennées, tri-pennées à la base, hautes de 0m,20-30. Pennules oblongues, alternes, très-brièvement pétiolulées; pennulines ovées-arrondies, cunéiformes, sessiles et subdécurrentes à la base; les terminales connées, toutes dentées. Sores rapprochés, nombreux, suborbiculaires, situés sur les bords des segments; disposition qui donne à l'espèce l'aspect d'un *Adiantum* (de là le rapprochement cité plus haut).

Rhizome rampant et écailleux. Veines grêles et fourchues.

Originaire du cap de Bonne-Espérance, comme l'indique son nom.

SYNONYMIE.

Cheilanthes prætexta . . . . Kaulfuss.
Adiantum Capense . . . . Thunberg.
Adiantopsis Capensis . . . . Fée.
Hypolepis Capensis. . . . . Hooker.

(Voir la description de *Polypodium vulgare*, var. *cristatum*, à la page 275.)

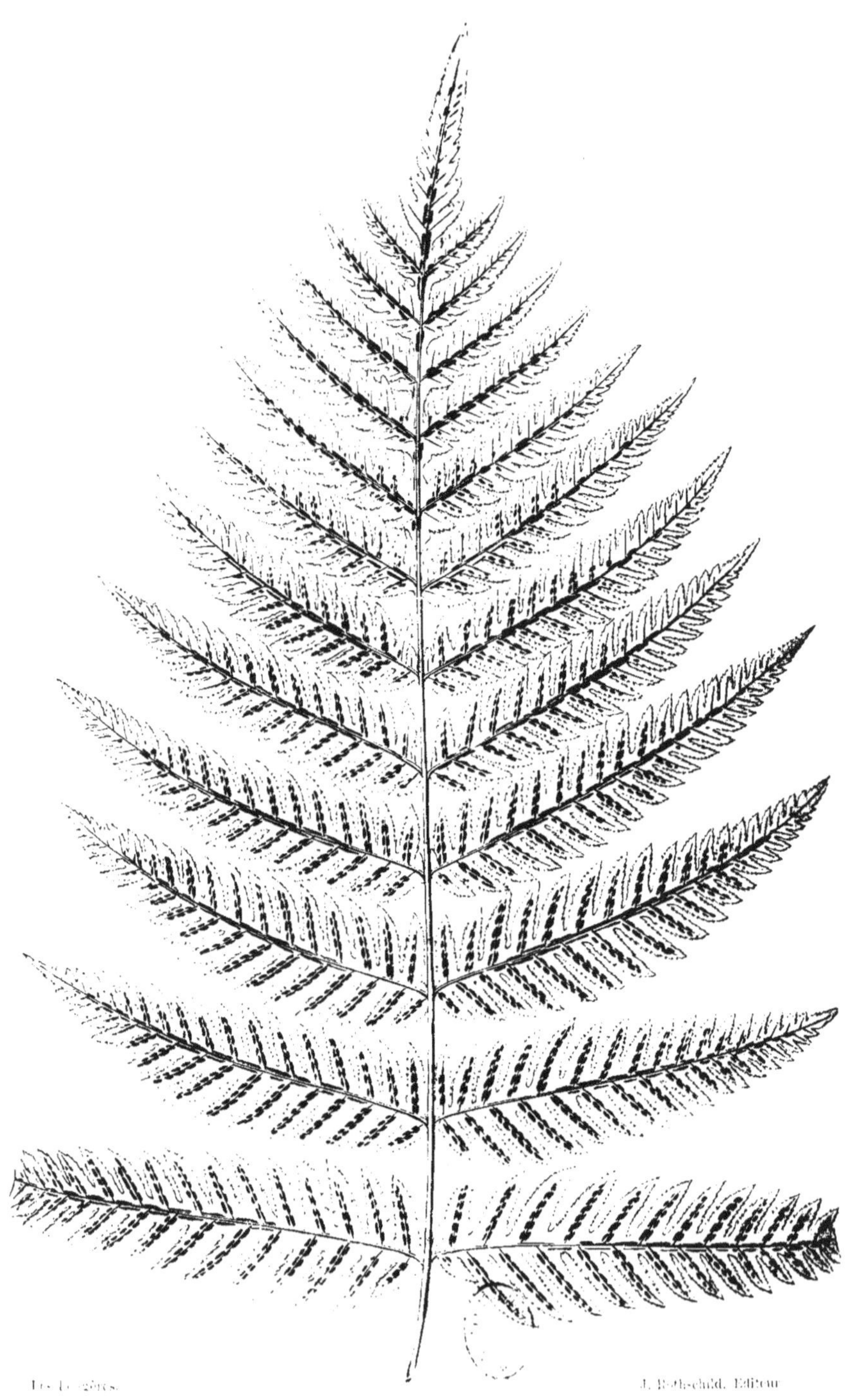

Les Fougères. J. Rothschild, Editeur

WOODWARDIA *Smith.*

Etym. — Dédié à *Woodward*, botaniste anglais.

Caractères génériques. — *Veines* réticulées, devenant libres près du bord. *Sores* oblongs ou linéaires-oblongs, unisériés de chaque côté de la nervure principale, et comme immergés. *Indusie* révolue et disposée en voûte.

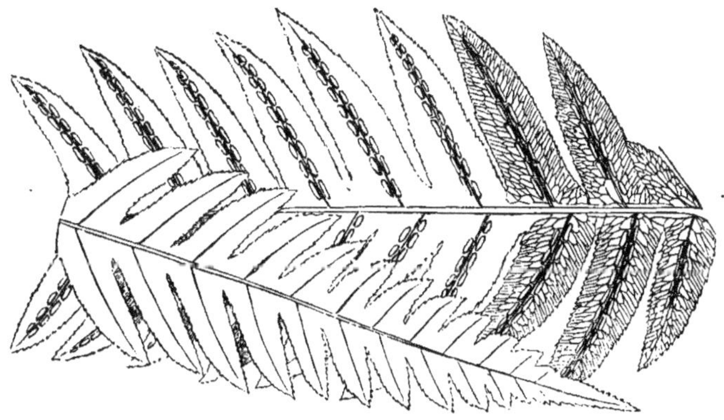

Portion de fronde.

WOODWARDIA RADICANS *Swartz.*

(Pl. 46.)

Les frondes de cette magnifique fougère sont pennées, élevées d'abord, puis gracieusement retombantes, prolifères et radicantes au sommet (d'où le nom spécifique) et atteignent au moins 1^{m},60 à 2^{m} de longueur, sur une largeur proportionnée. Pennules oblongues-lancéolées, aiguës, profondément pennatifides, longues de 0^{m},30-35, à segments lancéolés-aigus, longuement décurrents, comme épineux-dentés sur les bords, et mucronés au sommet.

Rachis recouverts de nombreuses et grandes squames brunes. Rhizome épais, rampant.

Sores nombreux, situés le long de la nervure médiane, et revêtus d'une indusie de même forme.

Cette belle fougère, dont le feuillage est très-ornemental, est trop peu répandue dans nos régions. Elle mérite cependant d'occuper en quelque sorte la place d'honneur dans une serre tempérée, où, placée en suspension au-dessus d'un bassin, comme l'indique la figure 39, ou à l'entrée principale, elle forme une élégante garniture. Elle peut même, pendant toute la saison d'été, servir à la décoration des parties ombragées des parcs et jardins; mais une humidité soutenue lui est indispensable. Sa multiplication est des plus faciles; il suffit de recueillir avec soin les bourgeons qui se développent à l'extrémité des frondes, de les planter et de les mettre sous cloche pendant quelques jours jusqu'au développement des racines.

Patrie: Sud de l'Europe, Sicile, Madère, Ténériffe et les autres Canaries, Népaul, Californie, Pérou, Amérique septentrionale, Mexique, etc.

SYNONYMIE.

Woodwardia stans	Swartz. Schkuhr.
— *spinulosa*	Martens et Galeotti.
Blechnum radicans	Linn.
Woodwardia biserrata	Presl.

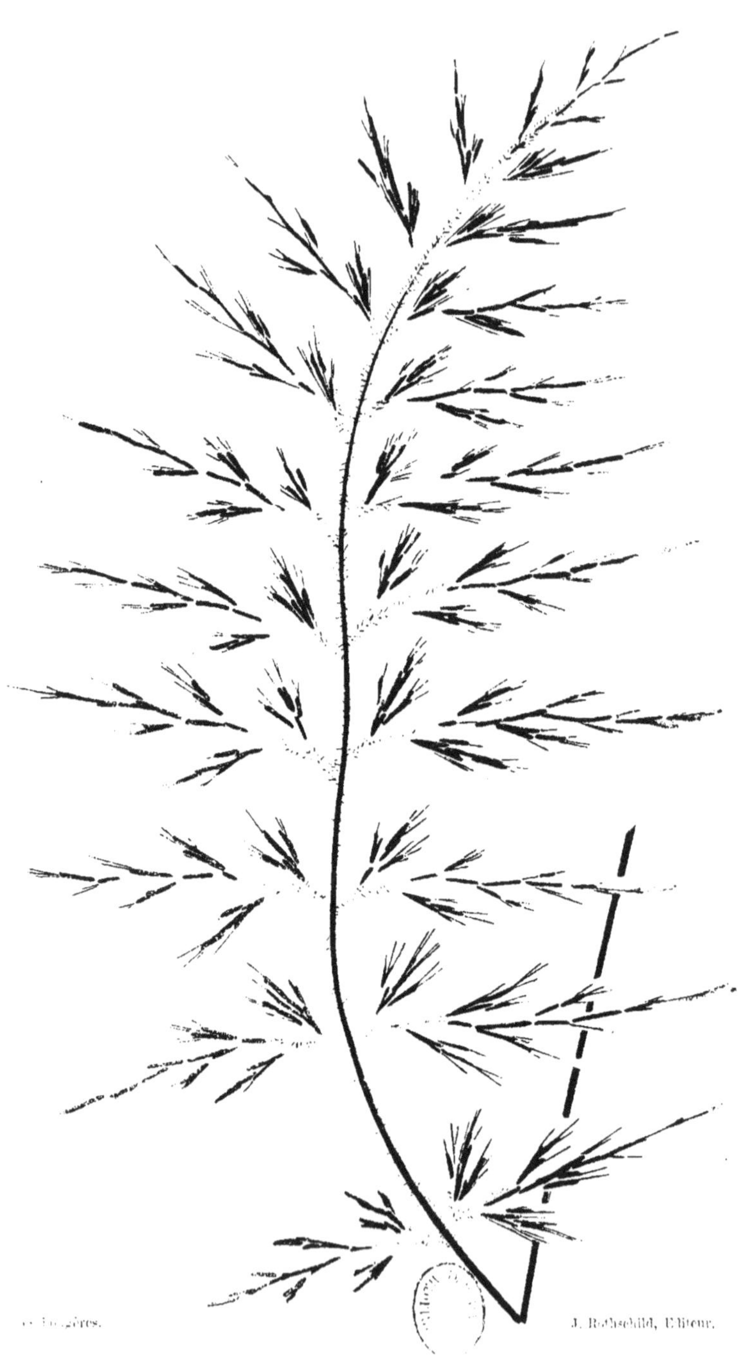

XLVII

ASPLENIUM *Linn.*

ÉTYM. et CARACTÈRES GÉNÉRIQUES. — Voy. ci-dessus, p. 167.

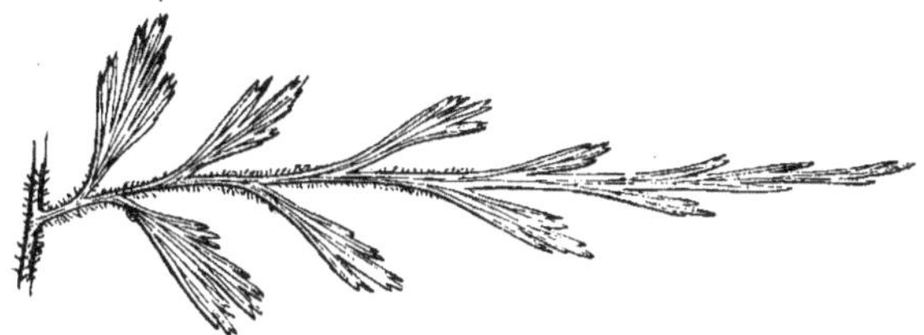

Portion de fronde, vue en dessous.

ASPLENIUM PRÆMORSUM *Swartz.*

(Pl. 47.)

Quoique réputée très-distincte, par la forme de ses frondes et son mode de croissance, cette fougère est tellement voisine des *A. Canariense*, *erosum* et *laceratum*, qu'on serait tenté de la regarder comme une simple variété de celles-ci. (Nous donnons ci-contre une portion de fronde de ces quatre *Asplenium.*) Néanmoins, la plante dont nous nous occupons est réellement élégante et d'un aspect singulier.

Ses frondes, d'un beau vert luisant, qui n'ont pas moins de $0^m,45$ à $0^m,60$ de longueur, affectent une forme lancéolée ou deltoïde-allongée, et sont bi-pennées; les pennules, présentant la même forme, sont subopposées ou alternes, allongées, très-longuement atténuées-aiguës au sommet, brièvement pétiolées, peu distantes; les pennulines sont étroitement cunéiformes à la base et pennées elles-mêmes, pluri-décomposées en segments linéaires, incisés-dentés.

Les rachis et leurs divisions sont couverts de fines écailles brunes; les premiers se trouvent implantés sur un robuste rhizome grimpant.

Sores longuement linéaires, occupant une grande partie des segments, sans en atteindre les sommets.

Habitat aussi divers qu'étendu; elle croît, dit-on, dans les Indes occidentales, au Mexique, dans la Nouvelle-Hollande et dans les îles Canaries.

SYNONYMIE.

Asplenium	*canariense*	WILLDENOW. KUNZE.
—	*furcatum*	THUNBERG.
—	*cuneatum*	HOOKER et GREVILLE.
—	*erosum*	HORT.
—	*laceratum*	DESVAUX. HOOKER et GREVILLE.

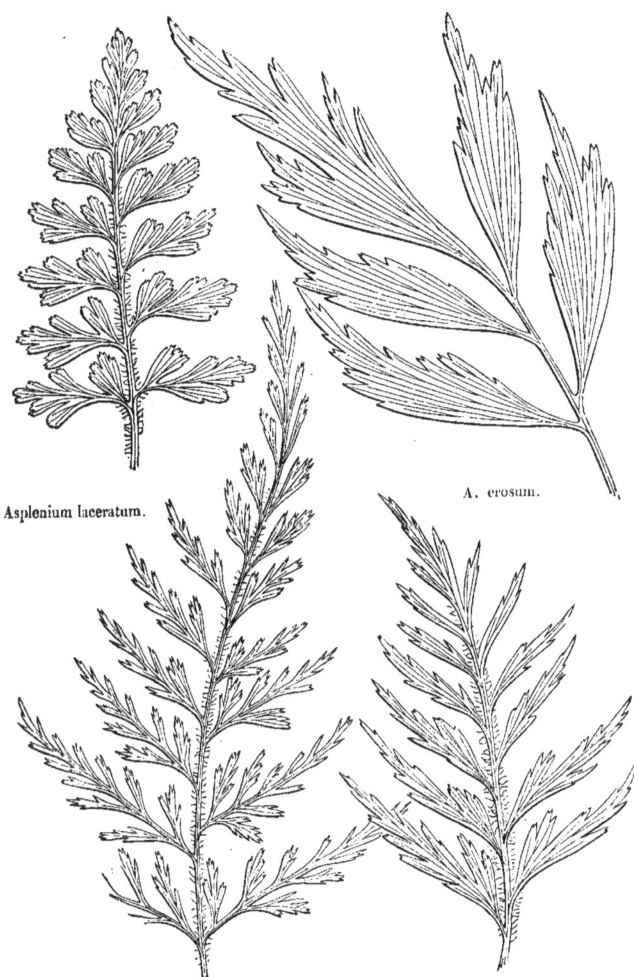

Asplenium laceratum. A. erosum.

A. præmorsum. A. Canariense

Les Fougères. J. Rothschild, Éditeur.

ASPIDIUM *Swartz.*

Etym. et Caractères génériques. — Voy. ci-dessus, p. 177.

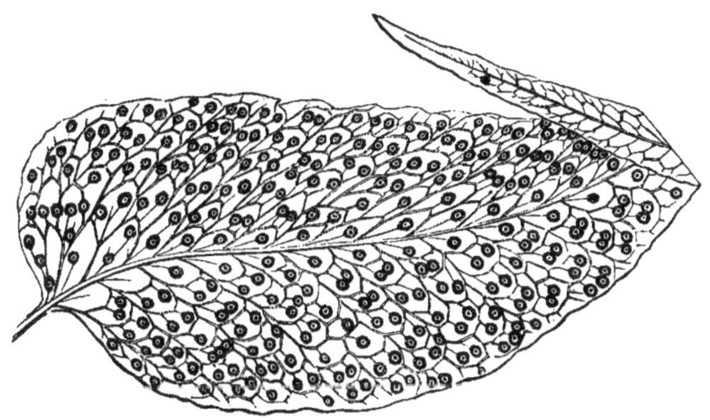

Portion de fronde, vue en dessous.

ASPIDIUM FALCATUM *Swartz.*

(Pl. 48.)

Grande et belle fougère dont les frondes s'élèvent de $0^m,45$ à $0^m,80$ de hauteur, et sont d'un grand effet pour la décoration des serres tempérées.

Frondes simplici-pennées, oblongues-lancéolées-aiguës, insérées sur un robuste rhizome dressé. Pennules grandes, lancéolées-acuminées, très-brièvement pétiolées, obliquement et légèrement arrondies à la base, subfalciformes, ondulées et subcrénelées sur les bords (la vignette en tête en donne une figure de grandeur naturelle).

Rachis couverts de grandes squames brunâtres.

Sores très-apparents, arrondis, parsemés sur toute la face inférieure des pennules, terminant chacun une veinule située dans une maille du réseau veinulaire; tous d'un beau brun, tranchant sur le vert foncé et brillant du fond, qu'on peut comparer à celui des feuilles du *Laurier de Portugal.*

Originaire du Japon.

SYNONYMIE.

Cyrtomium falcatum	SMITH. LINK. FÉE. PRESL. MOORE et HOULSTON.
Polypodium falcatum	THUNBERG. LINN. PLUKENET.
— *Japonicum*	HOUTTUYN.

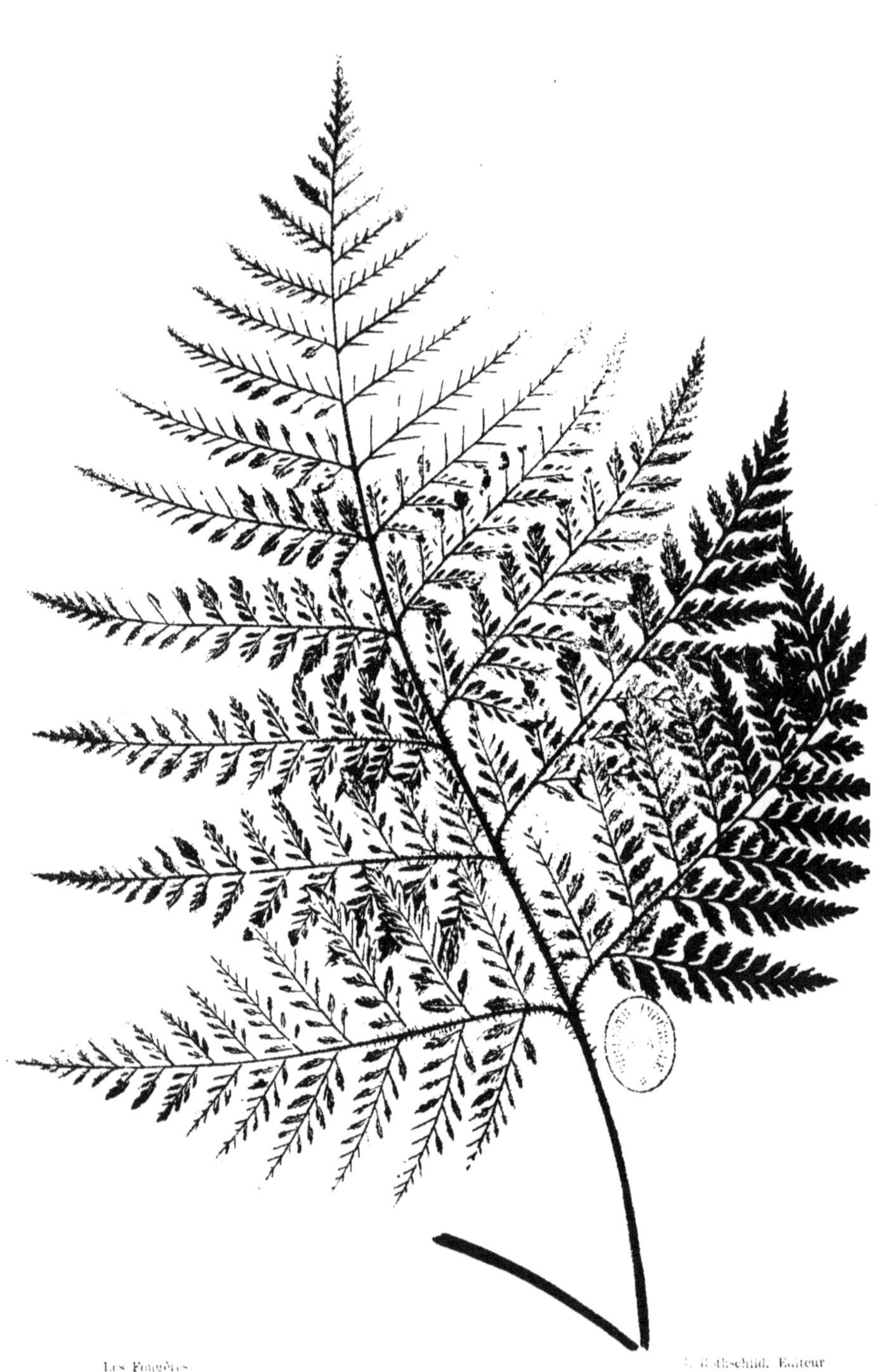

Les Fougères — Rothschild, Éditeur

XLIX

Portion de fronde, vue en dessous.

ASPIDIUM CORIACEUM *Lowe.*

(Pl. 40.)

Frondes élevées de $0^{m},90$-95, larges à la base d'environ $0^{m},40$-50, deltoïdes ou triangulaires aiguës, étalées-dressées, robustes, tri-pennées, d'un vert sombre; pennules profondément pennatifides, conformes, légèrement recourbées, brièvement pétiolées. Segments oblongs, aigus, à bords denticulés.

Rachis robustes, velus, à écailles d'un brun sombre, éparses, et d'autant plus grandes qu'elles se rapprochent du rhizome, lequel en est hérissé et est rampant.

Sores nombreux, grands, arrondis, bruns, bi-sériés, et séparés par la nervure médiane.

Cette grande fougère croît dans l'Afrique australe, et notamment au cap de Bonne-Espérance.

SYNONYMIE.

Polystichum coriaceum . . . . . J. Smith.

Les Fougères J. Rothschild Editeur.

OSMUNDA GRACILIS

L

OSMUNDA *Linn.*

Etym. — Elle n'est pas suffisamment expliquée; plusieurs veulent y voir *Osmunder*, divinité scandinave (l'un des noms de *Thor*, dont *Mund* exprimerait la force). On sait toutefois, à cet égard, qu'à notre magnifique espèce européenne, l'*Osmunda regalis*, on prêtait jadis toutes sortes de vertus, outre la noblesse et la hauteur de son port.

Caractères génériques. — Dans ce beau genre, les *frondes* sont fertiles ou stériles; les frondes fertiles sont pennées ou bipennées et se terminent par une *panicule* sporangifère isolée, contractée, à *veines* fourchues.

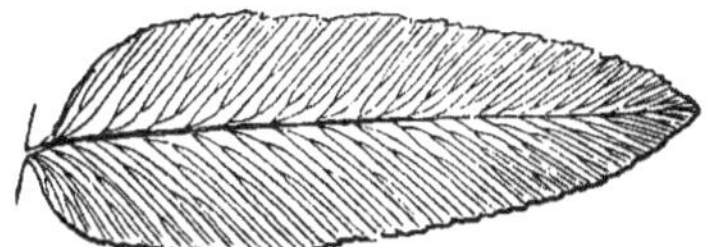

Portion de fronde, vue en dessus.

OSMUNDA GRACILIS *Willd.*

(Pl. 50.)

Frondes bi-pennées, hautes d'environ $0^m,80$, à rachis verts, cylindriques.

Pennules distantes, alternes, longues de $0^m,20$; pennulines grandes, disposées par six paires de chaque côté, alternes également, mais l'impaire terminale souvent connée avec l'une ou l'autre de ses voisines; toutes longues d'environ $0^m,08$ sur $0^m,020$ de diamètre, et très-brièvement pétiolulées (ou plutôt sessiles), oblongues-lancéolées, aiguës.

La partie fertile est apicale, également bi-pennée, sur une longueur d'environ $0^m,15$.

Originaire de l'Amérique septentrionale.

SYNONYMIE.

Osmunda humilis. . . . . SWEET ?
— *palustris* . . . . LINK. SWEET.

Les Fo[illegible] — J. Roth-child, Editeur.

[illegible]LIA CANARIENSIS

LI

DAVALLIA *Swartz.*

Étym. — Dédié à *Edmond Davall*, botaniste suisse.

Caractères génériques. — *Sporanges* placés au sommet des veines et formant des *sores* arrondis rapprochés des bords de la fronde. *Indusies* continues aux veines adnées par leur large base, ou aux bords des frondes, libres en dehors au sommet.

Portion de fronde, vue en dessous.

DAVALLIA CANARIENSIS *Swartz.*

(Pl. 51.)

Frondes hautes de $0^m,32$ à $0^m,50$, glabres, triangulaires dans leur circonscription, tri-ramifiées, coriaces, bi-pennées-supradécomposées; pennules primaires très-larges; pennulines profondément pennatifides, décurrentes à la base, et à segments linéaires-dentés ou bidentés; le tout d'un vert foncé.

Sores solitaires, terminaux, en forme de coupe rétrécie à la base.

Caudex robuste, ramifié, élevé, subgrimpant, couvert d'écailles très-fines, extrêmement serrées, couchées. Rachis glabres.

Veines fourchues.

Dans quelques jardins, on lui donne vulgairement le nom de *Pied-de-lièvre*, à cause de la forme terminale des ramifications, couvertes de *poils* fauves extrêmement denses.

C'est une des fougères les plus anciennement cultivées. Elle croît naturellement dans le midi de l'Europe, dans le Portugal, l'île de Madère, les Canaries et dans le nord de l'Afrique, notamment près de Tanger.

SYNONYMIE.

Trichomanes Canariensis . . . . . Linn. Jacquin.
Polypodium Lusitanicum . . . . . Linn.

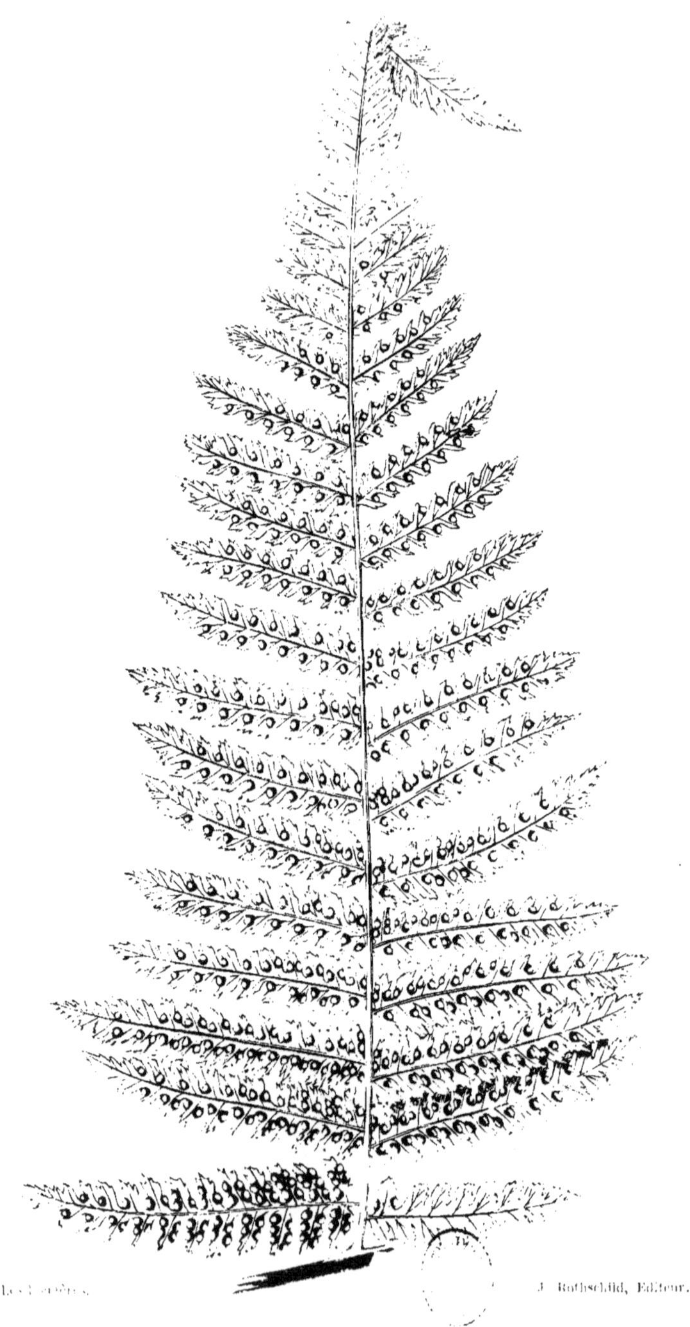

Les Fougères. J. Rothschild, Editeur.

LII

DICKSONIA *L'héritier.*

Etym. — Dédié à *J. Dickson*, botaniste anglais.

Caractères génériques. — *Sporanges* placés au sommet des veines; *sores* subarrondis marginaux. Une *indusie vraie* membranacée continue à la veine; une *indusie fausse* sur un lobule réfléchi de la fronde et couvrant le premier.

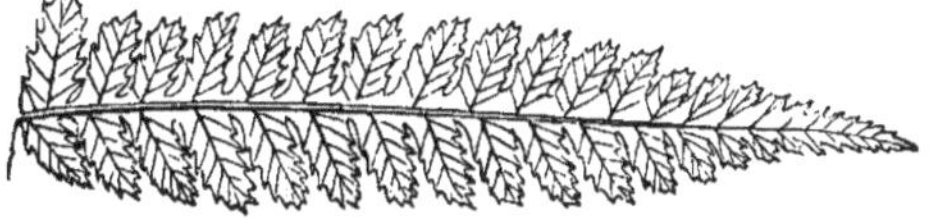

Portion de fronde.

DICKSONIA ANTARCTICA *La Billardière.*

(Pl. 52.)

L'espèce que nous choisissons ici, pour représenter le genre, est assez répandue aujourd'hui en Europe; elle est arborescente, et il n'est pas rare d'en voir des individus dont le stipe, épais et robuste, n'a pas moins de 4, 5 ou 6^{m} de hauteur; il est vrai qu'il atteint, dans son pays natal, jusqu'à 25 mètres : qu'on juge dès lors de leur effet grandiose dans ces contrées! (Nouvelle-Hollande, Tasmanie, etc.)!

Stipe entièrement couvert de fibrilles radiculaires, d'un brun-noirâtre, vertes au sommet. Frondes terminales bi-tri-sériées, subbi-pennées-supra-décomposées, formant une vaste couronne, étalée-recourbée avec grâce. Elles dépassent 2^{m} de long sur un diamètre proportionné, et sont oblongues lancéolées, acuminées, glabres, vertes en dessus et portées par de robustes rachis; pennules conformes, profondément pennatifides, sessiles; segments oblongs, dentés, décurrents sur les rachis.

Sores isolés, globuleux, situés au sommet des veinules, dans l'angle des segments et entourés de leur indusie bivalve.

Rachis poilus.

Le *D. Antarctica* est une des fougères arborescentes des plus faciles à cultiver. Ses frondes forment, au sommet du stipe, une sorte de corbeille, ce qui donne à cette espèce un caractère vraiment ornemental. Cultivée en pleine terre de bruyère dans une serre froide ou jardin d'hiver, elle acquiert, placée isolément, une dimension exceptionnelle du plus bel effet. Comme le stipe est garni dans toute sa longueur de fibrilles radiculaires qui servent à puiser la nourriture de la plante, il sera bon de lui donner de fréquents bassinages et d'entretenir le sol dans une humidité constante.

On remarquera que le nom spécifique de cette fougère n'est point exact, la Tasmanie, ou terre de Van-Diemen, où on l'a aussi rencontrée, n'atteignant même pas le 45° de latitude australe.

SYNONYMIE.

Balantium Antarcticum . . . . . . PRESL. FÉE. SCHOTT.
Cibotium Billardieri . . . . . . KAULFUSS.

J. Rothschild, Editeur.

[illegible]A MEDULL[illegible]

LIII

CYATHEA *Smith.*

ETYM. — Du grec *kuatos* coupe. Allusion à la forme de l'indusie dans ce genre.

CARACTÈRES GÉNÉRIQUES. — *Veines* fourchues; *veinules* libres. *Sores* globuleux, situés dans l'enfourchure d'une veine. *Réceptacle* élevé et colonnaire. *Indusies* globuleuses, membranacées, et recouvrant d'abord les sores.

Espèces arborescentes.

Portion de fronde fertile, vue en dessous.

CYATHEA MEDULLARIS *Swartz.*

(Pl. 53.)

Frondes tri-pennées, glabres, coriaces, atteignant de 2^{m} à 3^{m},50 de longueur, sur un diamètre proportionnel, et d'un beau vert luisant. Pennules largement lancéolées, longuement atténuées-acuminées, alternes ou subopposées, sessiles, profondément pennatifides, et couvertes en dessous de quelques petites écailles. Segments linéaires-oblongs, denticulés en scie, entiers.

Sores nombreux, d'une couleur brune-orangée ; unisériés de chaque côté d'une veine des segments, sans en atteindre les bords ou l'extrémité. Indusies arrondies, brillantes, membranacés.

Rachis hérissés d'aiguillons durs, tuberculeux, luisants, semblables à des sécrétions résineuses.

On en cite deux variétés, l'une tri-pennée et l'autre à segments presque entiers.

Cette espèce, cultivée dans la serre comme la précédente, parvient à un développement vraiment extraordinaire ; elle est très-remarquable surtout par l'ampleur de ses frondes. Pendant l'été, on peut la cultiver en plein air sur les pièces de gazon, ou livrée à la pleine terre. Exposée en plein soleil, elle atteint des dimensions gigantesques, à la condition toutefois d'entretenir le sol constamment humide.

La *Cyathée médullaire* ou à moelle, appelée ainsi parce que les indigènes mangent la moelle contenue dans l'intérieur du stipe, croît dans la Nouvelle-Zélande, à l'île Norfolk, dans les îles de l'océan Pacifique, à Otaïti, dans la Nouvelle-Guinée, etc.; on peut donc à la fois la tenir dans une serre chaude ordinaire, ou dans une bonne serre tempérée.

SYNONYMIE.

Polypodium medullare . . . . . . FORSTER.
— *affine* . . . . FORSTER.
Sphæropteris medullaris. . . . . . BERNHARDI.
Cyathea affinis. . . . . SWARTZ (non SCHKUHR).
— *extensa* . . . . SWARTZ. SCHKUHR.
Alsophila extensa. . . . . DESVAUX. HOOKER et ARNOTT.
Cyathea Mertensiana. . . . . . . BONGARD.

Les Fougères | J. Rothschild, Éditeur.

LIV

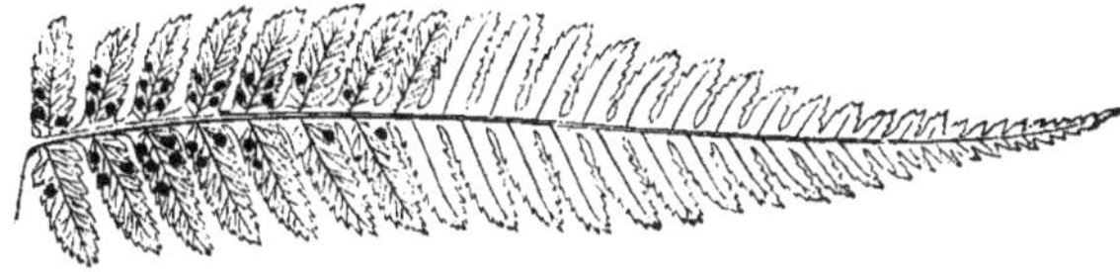

Portion de fronde fertile, vue en dessous.

CYATHEA DEALBATA *Swartz.*

(Pl. 54.)

Par son port grandiose, ses admirables frondes bicolores, c'est, sans contredit, l'une des plus belles fougères connues.

Frondes bi-pennées, et quelquefois tri-pennées à la base, sublancéolées, acuminées, glabres, longues de plus de 2ᵐ ; pennules conformes, assez étroites, profondément pennatifides, sessiles, à segments oblongs, subfalciformes, finement denticulés en scie.

Stipes écailleux et muriqués (quelques tubercules épineux, comme dans l'espèce précédente), surtout vers la base. Rachis couverts d'un duvet ferrugineux et caduc.

Veines pennées; veinules directes et libres ; sores nombreux, placés de chaque côté de la nervure médiane et éloignés à la fois d'elle et du bord ; involucres globuleux, membranacés et situés sur un réceptacle élevé.

Cette fougère croît dans les îles de la Nouvelle-Zélande, où, d'après un voyageur-naturaliste, cité par Humboldt, elle atteint une hauteur de *quarante-deux pieds et demi.* Les naturels en mangent aussi la moelle. Ses frondes, d'un riche vert-bleuâtre en dessus, d'un blanc argenté en dessous, sur lequel tranchent les sores d'un beau brun-rougeâtre, justifient l'éloge que nous venons de faire de cette espèce.

SYNONYMIE.

Polypodium dealbatum. . . . . FORSTER.

Les Fougères. J. Rothschild, Editeur.

LV

ALSOPHILA *Rob. Brown.*

ÉTYM. — Du grec *alsos* forêt et *philos* ami. Allusion à la station des espèces du genre, qui se plaisent dans les forêts.

CARACTÈRES GÉNÉRIQUES. — *Frondes* bi-tri-pennées, atteignant de 2 à 5m de longueur. *Veines* simples ou fourchues, libres; *sores* globuleux, axillaires dans les enfourchures, ou médians. *Réceptacle* élevé, souvent velu. *Indusie* peu apparente ou nulle.

Portion de fronde, vue en dessous.

ALSOPHILA AUSTRALIS *Rob. Brown.*

(Pl. 55.)

Frondes bi-pennées, ovées-lancéolées, glabres, longues de 3 à 4m et plus, d'un vert-pâle en dessus, glaucescent en dessous.

Stipe arborescent, atteignant 10 et 12m de hauteur, sur 1m au moins de circonférence à la base. Pennules oblongues-linéaires, acuminées, profondément pennatifides, à segments oblongs, subfalciformes, obtus au sommet et à peine aigus.

Veines simples et fourchues.

Sores situés, de un à quatre, de chaque côté de la grande nervure.

Patrie : Nouvelle-Hollande, Tasmanie.

Les Fougères. J. Rothschild, Editeur.

[illegible]

LVI

TODEA *Willd.*

ÉTYM. — Dédiée à *H. J. Tode*, cryptogamiste allemand.

CARACTÈRES GÉNÉRIQUES. — *Frondes* fertiles subcontractées; *veines* fourchues; *veinules* libres; *sores* placés sur celles-ci et nus. Plantes alliées aux *Osmunda*.

Portion de fronde, vue en dessous.

TODEA HYMENOPHYLLOIDES *Richard et Less.*

(Pl. 56.)

Frondes bi-pennatifides, membranacées, multi-décomposées, pellucides, étalées, deltoïdes par la circonscription, hautes de 0m,32 à 0m,40 sur 0m,10-12 de large, et d'un vert brillant.

Pennules opposées, sessiles; pennulines oblongues-lancéolées, alternes, rapprochées, subacuminées.

Veines fourchues, directes, libres.

Sores nus, épars par petits groupes sur la moitié inférieure des frondes.

Rachis et nervures principales grêles et poilues.

Rhizome dressé, robuste.

Originaire de la Nouvelle-Zélande.

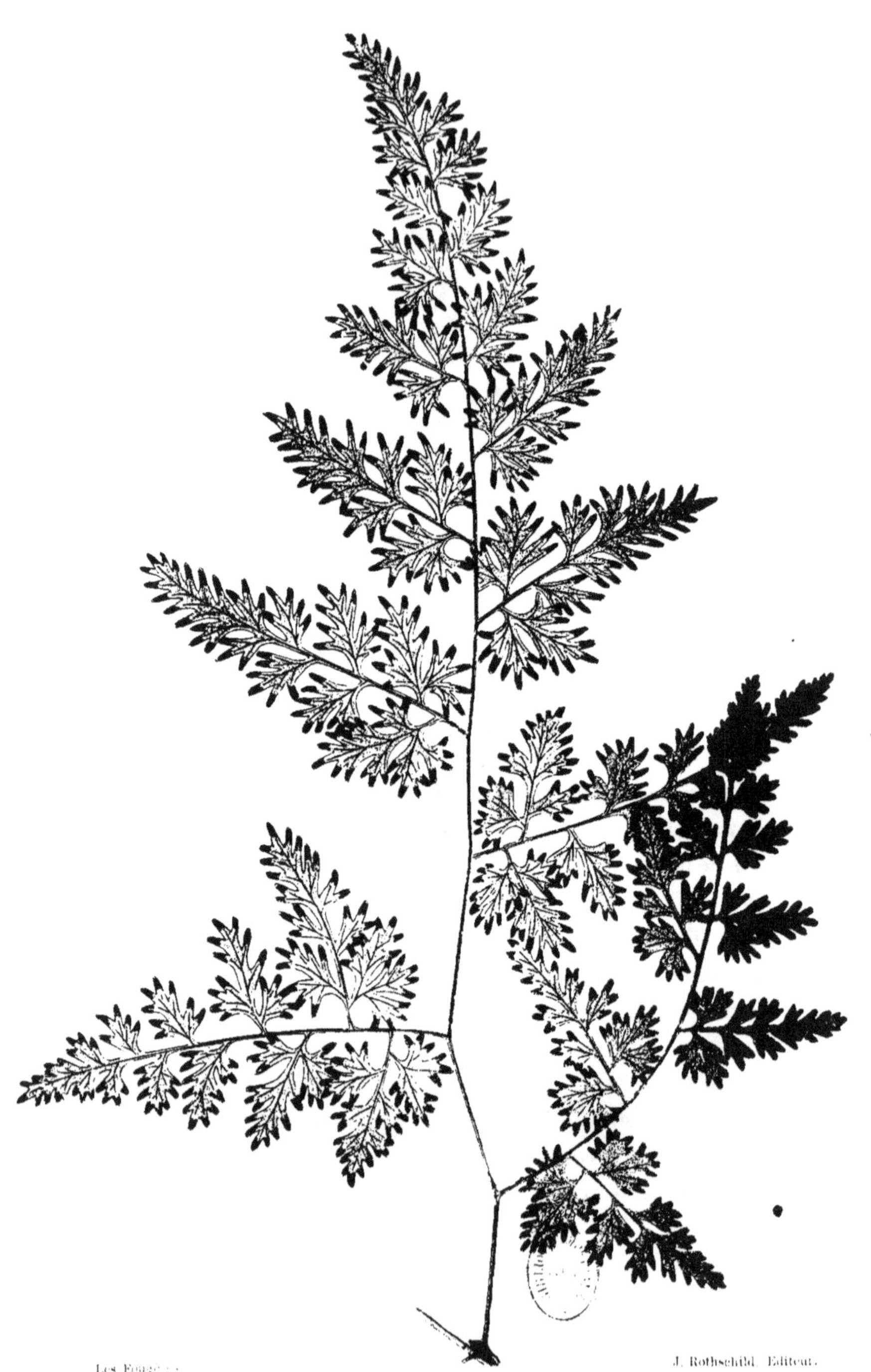

Les Fougères

J. Rothschild, Éditeur.

LVII

LYGODIUM *Swartz.*

Étym. — Du grec *lygos* baguette d'osier, et *eidos* forme. Allusion à la souplesse tigellaire des espèces du genre, qui sont grimpantes et volubiles.

Caractères génériques. — *Sporanges* sessiles, bi-sériés sur les découpures marginales des frondes, alternes ou alternes-bi-sériés, et déhiscents longitudinalement; chacun voilé par une *indusie* squamiforme, cucullée, adnée transversalement aux *veines*.

Portion de fronde fertile.

LYGODIUM JAPONICUM *Swartz.*

(Pl. 57.)

Rhizome très-grêle, flexueux, grimpant, ramifié, atteignant une hauteur indéterminée.

Frondes très-grandes, à ramifications alternes, flexueuses. distantes, bi-pennées, brièvement pétiolées. Pennules bi-pennulinées; pennulines à divisions palmées-décomposées, alternes, les basilaires pétiolulées; les supérieures sessiles, à segments très-petits, oblongs. Veines fourchues; veinules libres, pennées dans les segments fertiles; ceux-ci dichotomes, portant les sores bi-sériées et marginaux.

Patrie : Chine et Japon.

SYNONYMIE.

Lygodium scandens. . . . . Dans divers jardins.

Les Fougères. J. Rothschild, Éditeur.

LVIII

ADIANTUM *Linn.*

Etym et Caractères génériques. — Voy. ci-dessus, p. 143.

Portion de fronde, vue en dessous.

ADIANTUM CAPILLUS-VENERIS *Linn.*

(Pl. 58.)

Ses frondes, qu'agite la moindre brise, varient, d'après les milieux où elle croît, de 0m,15 à 0m,40-45 de hauteur, et sortent en touffe d'un rhizome rampant, écailleux, brun-noirâtre. Leur forme varie : elles sont subtriangulaires, ou lancéolées, ou oblongues, ou ovées, et membranacées, glabres, tantôt bi-pennées, tantôt tri-pennées. Pennules alternes, pétiolées, d'un vert brillant; pennulines arrondies, ou en éventail, à base tronquée ou cunéiforme, pétiolulées, les lobes stériles dentés sur les bords, les fertiles obtus.

Sores oblongs; indusies membranacées de même forme.

Rachis d'un noir-rougeâtre, luisant, légèrement écailleux à la base.

Cette espèce, qu'on rencontre très-souvent dans le midi de la France, croissant çà et là sur les vieux murs, sur les rochers humides, au bord des ruisseaux, quelquefois même dans les puits, peut être très-avantageusement cultivée dans les serres tempérées du nord, pour garnir les murailles et les rocailles; on l'emploie aussi fréquemment à l'ornementation des surtouts de table (Voy. fig. 7), en bordures gracieuses autour des fleurs que sa couleur gaie avantage beaucoup. Elle se multiplie très-facilement par la division de ses rhizomes rampants, et demande une humidité constante.

Cette très-gracieuse fougère se trouve dans toutes les régions chaudes ou tempérées de l'Europe, de l'Asie (Indes orientales, Chine, Perse, Arabie), de l'Afrique et de l'Amérique; elle prospère aux monts Caucase et Ourals, en Algérie, en Égypte, au cap de Bonne-Espérance ainsi qu'au Mexique, à Guatimala, à Caracas, dans les Antilles, etc.; les Canaries, les Sandwich, les Açores, etc.; le Malabar, le Népaul, Boutan, Sikkim-Himalaya, le Thibet, etc., etc. On la trouve dans tout le sud de l'Europe, en France, en Angleterre, en Irlande, etc. : à tous ces titres de voyageuse par excellence, elle méritait une place dans ce recueil. La finesse et la légèreté de ses rachis lui ont fait donner le nom populaire qu'elle porte.

SYNONYMIE.

Adiantum capillus . . . . SWARTZ. SPRENGEL. LINK. KUNZE.
— *coriandrifolium* . . . LAMARCK.
— *fontanum*. . . . . SALISBURY, GRAY.
— *dependens* . . . . CHAPMAN.
— *repandum*. . . . . TAUSCH.
— *Africanum* . . . . . . BROWN.
— *trifidum* . . . . WILLDENOW.
— *Moritzianum* . . . . . . LINK. KLOTZSCH. KUNZE.
— *cuneifolium*. . . . . . . STOKES.
— *tenerum* var. *dissectum*. MARTENS et GALEOTTI.

FOUGÈRES

DE

PLEIN AIR.

Les Fougères. J. Rothschild, Editeur

LIX

FOUGÈRES

DE

PLEIN AIR.

POLYPODIUM *Linn.*

ETYM. et CARACTÈRES GÉNÉRIQUES. — Voy. ci-dessus, p. 127.

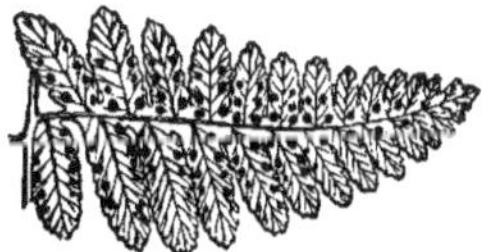

Portion de fronde, vue en dessous.

POLYPODIUM ROBERTIANUM *Hoffmann.*

(Pl. 59.)

Regardée longtemps comme étant le *Polypodium dryopteris,* cette jolie espèce en est aujourd'hui regardée comme distincte par plusieurs botanistes renommés.

On verra du reste, par la nombreuse synonymie qui suit, combien peu les ptéridologues ont été d'accord à son sujet.

Rhizome rampant, assez grêle, ramifié, écailleux. Frondes de $0^m,15$ à $0^m,50$ de hauteur, couvertes, ainsi que les rachis, de petites glandes, qui donnent à la plante un aspect poussiéreux.

Ces frondes sont bi-pennées, largement triangulaires-aiguës, tri-ramifiées; pennules opposées, la paire de la base souvent bi-pennée elle-même; pennulines alternes, aiguës; segments oblongs, obtus, crénelés sur les bords. Veines simples oufourchues.

Sores arrondis, épars sur toute la face inférieure des frondes, et devenant quelquefois confluents.

Le nom spécifique *Robertianum* a dû avoir la priorité, comme plus ancien.

Une particularité qui mérite d'être prise en considération, pour la faire accepter comme une espèce distincte, c'est que, dit-on, elle ne varie pas par le semis.

C'est une espèce européenne, mais peu commune. On la trouve en Angleterre, en France, en Allemagne, en Suisse, etc.; dans l'Amérique du Nord, le Canada, etc., et même en Asie, où M. Hooker fils l'a trouvée sur l'Hymalaya, entre 5000 et 8000 pieds au-dessus de l'Océan. Elle aime les terrains calcaires.

SYNONYMIE.

Polypodium calcareum	J. Smith. Link. Willdenow. Presl. Newmann. Sprengel. Sowerby. Francis. Deakin. Pratt. Hooker. Arnott et Babington.
[*Polypodium dryopteris*.	Bolton. Newman. Ledebour. A Gray.
Nephrodium dryopteris	Michaux.
Lastrea calcarea	Bory. Newman.
Phegopteris calcarea	Fée.
Lastrea Robertiana..	Newman.
Gymnogramma Robertiana . . .	Newman.

Les Fougères. J. Rothschild, Éditeur

LX

STRUTHIOPTERIS *Willd.*

Éтүм. — Du grec *strouthos* autruche, et *pteris* plume. Allusion à la composition légère des frondes.

L'espèce, décrite suffisamment ci-dessous, en fera connaître les caractères à la fois génériques et spécifiques.

Portion de fronde.

STRUTHIOPTERIS GERMANICA *Willd.*

(Pl. 60.)

Bien connue et généralement cultivée dans les jardins pour la beauté de ses larges frondes étalées en forme de corbeille, cette fougère projette des stolons souterrains qui, de son rhizome, vont quelquefois surgir de terre à deux ou trois mètres de distance, et deviennent bientôt en tout semblables à la mère.

Ses frondes sont de deux sortes : stériles et fertiles ; les unes et les autres surmontent une sorte de caudex. Les premières, disposées sur plusieurs rangs alternes (et non *sur un seul*, comme on l'écrit), forment un cercle étalé, une élégante corbeille, ainsi que nous venons de le dire, d'autant plus vaste que la plante est plus âgée ; ces frondes mesurent de $0^{m},30$ à $0^{m},60$ de longueur sur un diamètre proportionné ; elles sont lancéolées oblongues, aiguës, simplici-pennées ; les pennules sont contiguës, sessiles, alternes, linéaires-acuminées, profondément pennatifides, à segments subfalciformes denticulés-obtus au sommet. Veines pennées, libres.

Rachis légèrement pubescents, brièvement pennulés jusqu'à la base.

Frondes fertiles, très-contractées, s'élevant verticalement du centre, hautes de 0^{m},30 à 0^{m},50, très-brièvement pennées; chaque pennule linéaire-contractée chargée entièrement de sores très-apparents, d'un brun foncé, arrondis, presque confluents.

Elle est assez commune en Allemagne et se trouve aussi dans l'Amérique du Nord.

SYNONYMIE.

Onoclea struthiopteris	SWARTZ. SCHKUHR. HOOKER. ROTH.
Osmunda struthiopteris	LINN. GUNN.
Struthiopteris Pensylvanica	WILLDENOW. KUNZE. SMITH. MOORE.
Onoclea nodulosa	SCHKUHR.

Les Fougères. J. Rothschild, Editeur.

LXI

ADIANTUM *Linn.*

ÉTYM. et CARACTÈRES GÉNÉRIQUES. — Voy. ci-dessus, p. 143.

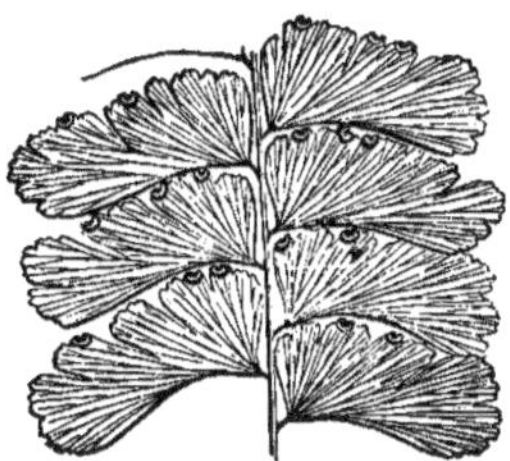

Portion de fronde, vue en dessous.

ADIANTUM PEDATUM *Linn.*

(Pl. 61.)

Frondes pédalées, étalées, dressées, glabres, hautes de 0m,30 à 0,45, d'un vert délicat. Divisions supérieures simplici-pennées, les inférieures tri-pennées (pennules de la base très-courtes); pennules membranacées, dimidiées, oblongues-obtuses, horizontales, cunéiformes à la base, très-brièvement pétiolulées; bords supérieurs lobés ou largement crénelés.

Sores oblongs, solitaires, peu nombreux, sur les bords supérieurs des frondes et cachés sous l'indusie.

Rachis, d'un noir d'ébène, implantés latéralement sur un rhizome rampant.

Cette fougère, originaire de l'Amérique du Nord, se trouve aussi dans le nord de l'Inde, dans la Virginie, le Canada, la Californie, le Unalaschka, le Jumnotri, etc.

SYNONYMIE.

Adiantum boreale. . . . . PRESL.

J. Rothschild, Éditeur.

ASPLENIUM FILIX-FŒMINA.—V. ACROCLADON.

LXII

ASPLENIUM *Linn.*

ÉTYM. et CARACTÈRES GÉNÉRIQUES. — Voyez ci-dessus, p. 167.

ASPLENIUM FILIX FOEMINA *Bernh.* Variété ACROCLADON.

(Pl. 62.)

Variété éminemment ornementale, en raison de ses frondes d'un vert pâle, très-ramifiées, multi-décomposées au sommet (d'où son nom spécifique tiré du grec : *akros* extrémité, et *clados* ramule), disposées en éventail, et hautes d'environ $0^{m},32$ à $0^{m},35$.

(Voyez la variété suivante pour les caractères spécifiques et la synonymie.)

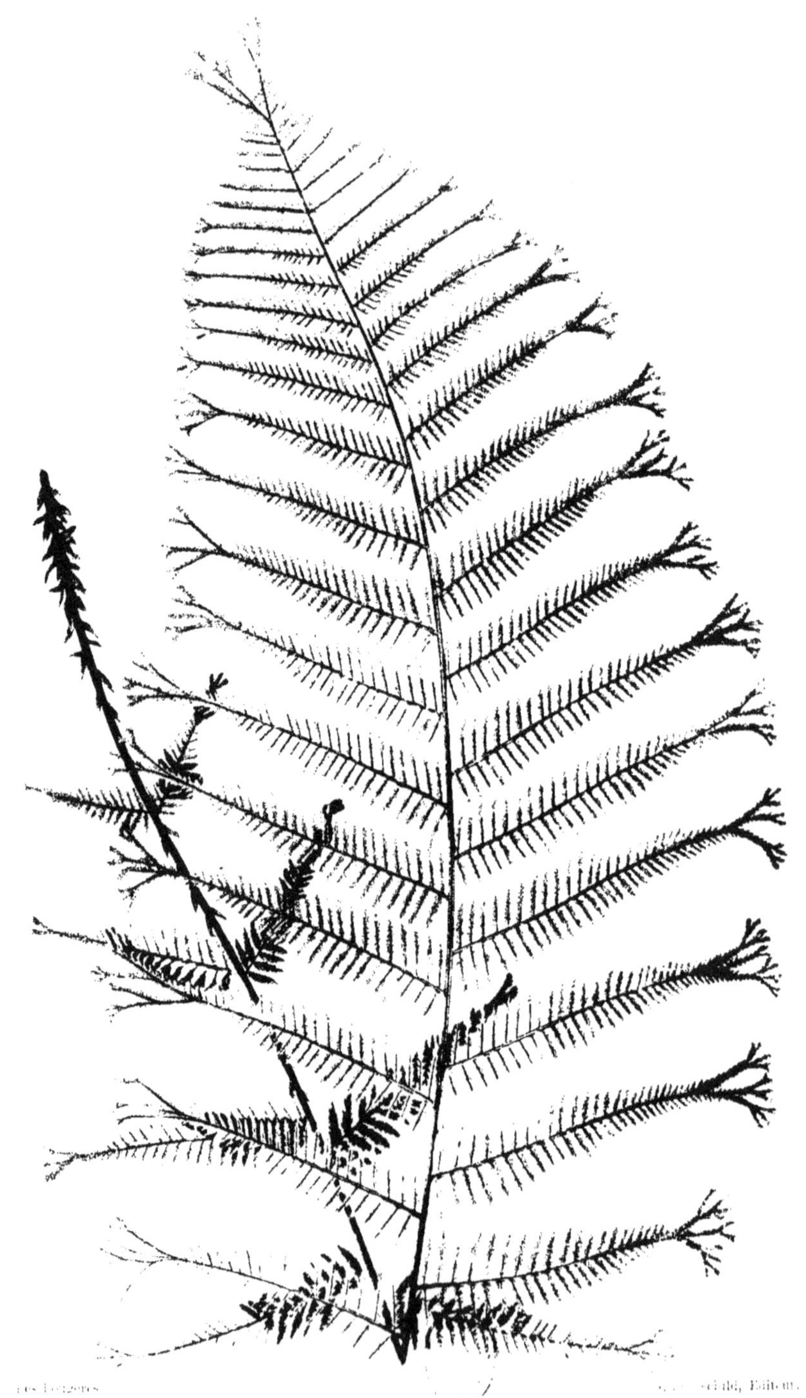

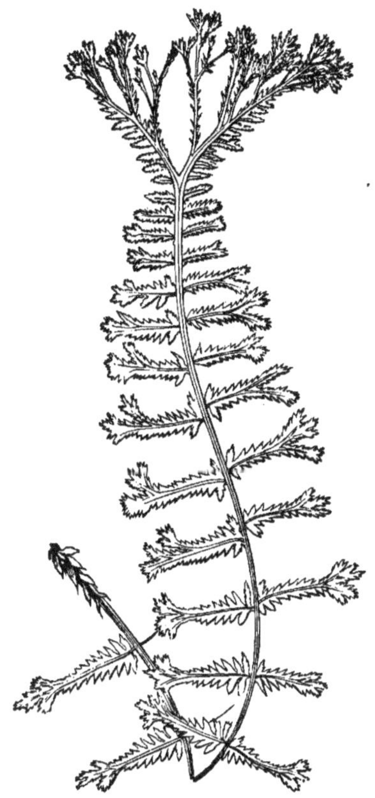

Aspect de la fronde de la Variété *depauperatum*.

ASPLENIUM FILIX-FOEMINA *Bernh.* Variété **MULTIFIDUM.**

(Pl. 63.)

L'asplenium filix-fœmina a produit de nombreuses variétés : un auteur en énumère au delà de trente, dont bon nombre affectent des formes tellement différentes, qu'on y méconnaît facilement la plante dont elles dérivent.

Nous donnons ci-contre la figure de l'une des plus remarquables; mais une description sommaire du type est avant tout nécessaire.

Frondes largement lancéolées, subacuminées, bi ou rarement tri-pennées, hautes de $0^{m},45$-50 à 1^{m}, naissant sur un caudex dressé ou décombant, touffu, fortement écailleux, ainsi que les rachis. Pennules sessiles, alternes, rapprochées, linéaires, lancéolées, acuminées; pennulines oblongues, sessiles, dentées de chaque côté.

Sores nombreux, unisériés de chaque côté de la nervure, quelquefois confluents; indusie membranacée, nervures noirâtres et robustes, etc.

La belle variété dont il est ici question diffère du type, en ce que le sommet de chaque pennule, ainsi que la pointe extrême de la fronde, s'allongent et se décomposent en trois appendices caudiformes, fourchus ou bi-fourchus à l'extrémité. Cette étrange disposition donne à la plante un aspect fort singulier et d'un effet fort élégant.

Cette fougère est assez commune dans toute l'Europe, où elle se plaît, de préférence, dans les endroits un peu humides et ombragés. On la trouve également dans la Russie asiatique, l'Algérie, à Madère, dans les Canaries, dans le nord de l'Amérique.

SYNONYMIE.

Athyrium filix-fœmina. . . . . . Roth. Presl. Babington. Sowerby. Newman. Moore. Fée. Kunze.
— *molle*. . . . . Roth. Newman.
— *incisum*. . . . . Newman.
— *ovatum* . . . . Roth.

Athyrium laxum	Schumacher.
— *lætum*.	Gray.
— *trifidum*.	Roth.
— *cyclosorum*	Ruprecht.
— *depauperatum*.	Schumacher.
Aspidium filix-fœmina.	Swartz. Schrader. Schkuhr. Willdenow. Houttuyn. Smith. Black. Morison. Plukenet. Tabernæmont.
Nephrodium filix-fœmina	Strempel.
Polypodium filix-fœmina.	Linn. Bolton. Hoffmann.
— *dentatum*	Hoffmann.
— *incisum*	Hoffmann.
— *oblongo-dentatum*. . . .	Hoffmann.
— *lætum*.	Salisbury.
— *molle*	Schreber. Hoffmann
— *ovato-crenatum*	Hoffmann.
— *trifidum*.	Hoffmann.
— *bifidum*	Hoffmann.

Les Fougères.

J. Rothschild, Éditeur

[illegible]

LXIV

ONOCLEA *Linn.*

Etym. — Cette étymologie, assez obscure, est expliquée suivant les uns par le mot grec *Onokleia*, nom d'une plante que l'on croit être l'*Orcanette*, et suivant d'autres par la racine du verbe grec *kleiô* (enfermer, allusion à la situation des sores de cette plante cachés dans les bords involutés des pennules.

Caractères génériques. — Seule espèce du genre; la description suivante fait suffisamment connaître l'un et l'autre.

Portion de fronde stérile.

ONOCLEA SENSIBILIS *Linn.*

(Pl. 64.)

Comme chez plusieurs espèces dont nous avons parlé précédemment (notamment le *Struthiopteris Germanica*, pl. 60), les frondes de celle-ci sont de deux sortes : fertiles ou stériles. Ces dernières sont tellement délicates que le moindre attouchement les froisse et les meurtrit; de là, sans doute, le nom spécifique.

Les frondes fertiles sont simplici-pennées; les pennules sont contractées, sessiles, membranacées, oblongues, à bords involutés, cachant d'abord les sores comme d'un indusium général. Ceux-ci sont orbiculaires, gros, ressemblant à de petites baies enveloppées dans le principe par une indusie spéciale, membranacée, latérale, cucullée. Veines simples, droites, libres.

Les frondes stériles, de forme deltoïde, sont glabres, simplici-pennées. Pennules pétiolées, opposées, elliptiques-lancéolées, aiguës, incisées-pennatifides, légèrement décurrentes sur le rachis, longues de $0^m,30$ à $0^m,60$, et d'un vert pâle (segments ovés-obtus). Veines réticulées. Rhizome rampant.

Elle est originaire de l'Amérique septentrionale.

SYNONYMIE.

Onoclea obtusiloba . . . . LINK.
— *obtusilobata* . . . . SCHKUHR.
Rhagiopteris obtusiloba . . . . . . PRESL.

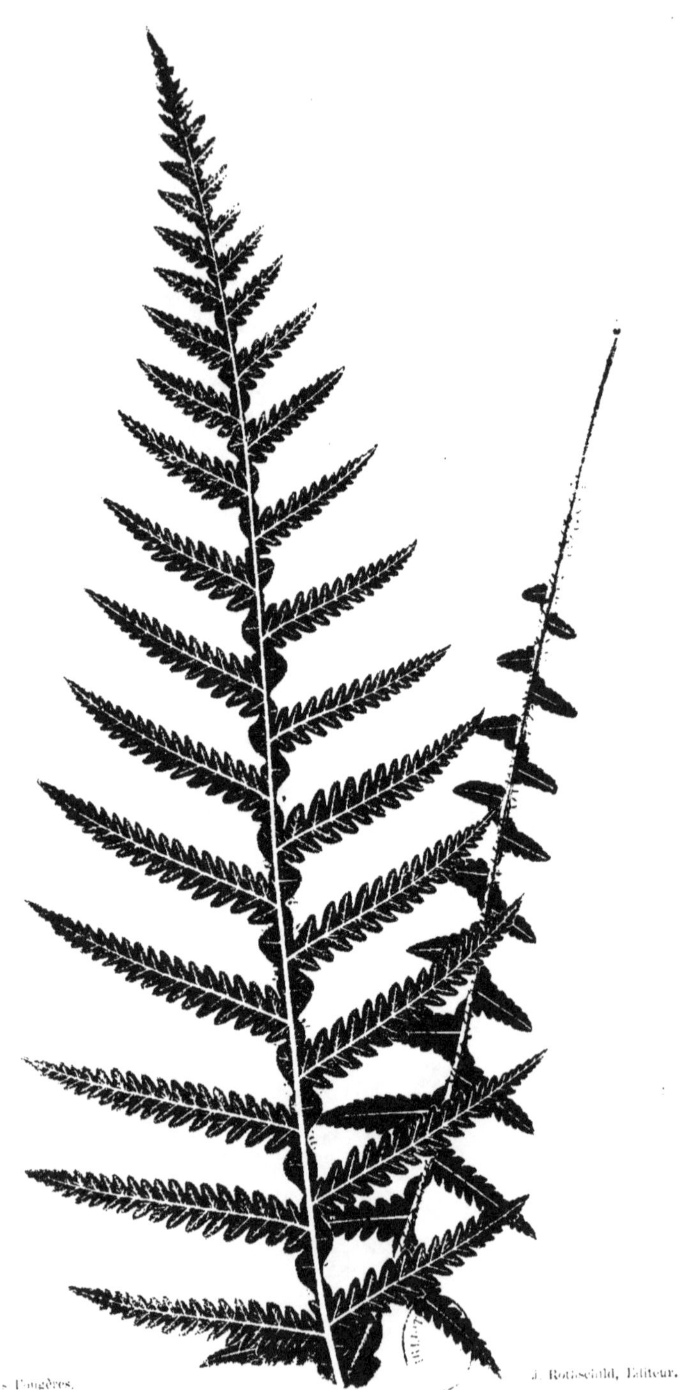

Les Fougères. J. Rothschild, Éditeur.

LXV

ASPIDIUM *Swartz.*

ETYM. et CARACTÈRES GÉNÉRIQUES. — Voy. ci-dessus, p. 177.

Portion de fronde, vue en dessous.

ASPIDIUM DECURRENS *Lowe.*

(Pl. 65.)

Frondes oblongues-lancéolées, atténuées à la base, à peine acuminées au sommet, simplici-pennées et hautes de 0m,35-40, d'un vert pâle. Pennules sessiles, pennatifides, lobées-décurrentes à la base (lobes alternes, arrondis), le long du rachis; segments ovés-obtus.

Sores nombreux, terminant une veinule et disposés le long de chaque segment. Indusie petite et parfois presque nulle.

Rhizome légèrement cespiteux, décombant, et, ainsi que les rachis, écailleux, paléacé (écailles présentant sous le microscope une conformation curieuse).

Originaire de la Chine, et probablement du Japon.

SYNONYMIE.

Aspidium decursive-pinnatum . . .	KUNZE.
Lastrea decurrens.	J. SMITH, MOORE et HOULSTON.
— *decursive-pinnata*. . . .	Dans divers jardins.
Polypodium decursive-pinnatum .	Dans divers jardins.
Phegopteris decursive-pinnata. . .	FÉE.

LXVI

Portion de fronde, vue en dessous.

ASPIDIUM ACULEATUM *Swartz.*

(Pl. 66.)

Caudex épais et cespiteux. Rachis couverts d'écailles nombreuses et serrées, brunâtres, d'un joli effet.

Frondes pennées ou subbi-pennées, oblongues-lancéolées, aiguës. Pennules nombreuses, obliquement lancéolées, plus larges à la base, où elles sont quelquefois bi-pennées, et quelquefois aussi vers le sommet; elles sont longues de $0^m,30$ à 1^m, lisses, coriaces, d'un vert luisant en dessus. Pennulines subelliptiques, aiguës, mucronées, aristées au sommet (d'où le nom spécifique), auriculées sur les bords supérieurs, subsessiles-cunéiformes à la base ou décurrentes.

Veines fourchues.

Sores arrondis, devenant quelquefois confluents ou groupés. Indusies membranacées, rondes, peltées-ombiliquées.

Cette fougère ressemble beaucoup à sa congénère l'*Aspidium angulare*, mais elle en diffère par ses feuilles persistantes, son port plus rigide, dressé, plus robuste et ses sores médians; l'autre perd ses feuilles en hiver, comme la plupart des espèces de cette catégorie.

Son habitat est extrêmement étendu. Elle est commune en Europe, où elle s'avance jusqu'en Norwége et en Suède.

On la trouve au niveau de la mer et jusqu'à 600^{m} d'altitude : en France, en Angleterre, en Allemagne, en Espagne, etc.; en Russie (d'Asie); dans l'Inde britannique, dans l'Amérique du Nord, à Madère, etc.; dans le nord de l'Afrique, etc. De tous ces habitats si divers proviennent plusieurs formes, dont quelques auteurs ont fait des espèces. Nous citons sommairement cette très-nombreuse synonymie.

SYNONYMIE.

Polystichum aculeatum	ROTH. DEAKIN. BABINGTON. SOWERBY. NEWMAN. MOORE. PRESL. FÉE. LINK. SCHOTT.	
— *lobatum*	PRESL. LINK. SOWERBY.	La variété *lobatum*.
— *aculeatum*	NEWMAN.	
— *Plukenetii*	DE CANDOLLE.	
— *aculeatum*, var. *lonchitidioides*	DEAKIN.	
— *aculeatum*, var. *lobatum*	MOORE. DEAKIN. FÉE.	
Polypodium aculeatum	LINN.	
— *lobatum*.	HUDSON.	La variété *lobatum*.
— *aculeatum*	HUDSON.	
— *Plukenetii*	LOISELEUR.	
Aspidium lobatum	SCHKUHR. KUNZE.	
— *discretum*.	DON.	La variété *lobatum*.
— *lobatum*	SWARTZ. SMITH. HOOKER et ARNOTT. WILLDENOW. MACKAY.	
— *lobatum*, var. *lonchitidioides*.	HOOKER et ARNOTT.	
— *aculeatum*	SCHKUHR.	
— *Plukenetii*	STEUDEL.	
Aspidium intermedium	SADLER.	La variété *lobatum*.
— *munitum*	SADLER.	
— *lentum*	DON.	
— *ocellatum*.	WALLICH.	

 J. Rothschild, Editeur.

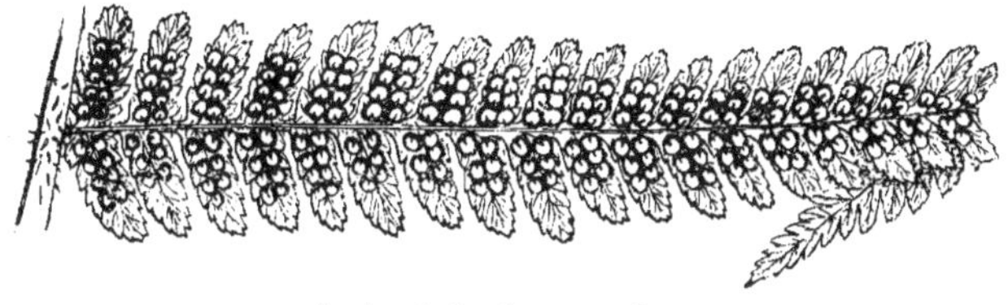

Portion de fronde, vue en dessous.

ASPIDIUM FILIX-MAS *Swartz.*

(Pl. 67.)

Frondes subbi-pennées, aiguës; pennules nombreuses, largement linéaires, acuminées au sommet; pennulines oblongues-obtuses, denticulées, crénelées ou inciso-lobées vers le sommet, généralement décurrentes sur le rachis. Elles dépassent $0^m,70$ à 1^m de hauteur, quelquefois même $1^m,50$ dans de bonnes conditions, et sont toujours d'un vert foncé.

Caudex dressé, rarement décombant, abondamment squamifère. Rachis couverts de fines squames. Veines ramifiées.

Sores nombreux, arrondis-réniformes, situés sur la moitié inférieure des pennulines. Indusies convexes, persistantes, à bords entiers et sans glandes.

Cultivée en raison de sa beauté, elle a fourni, par le semis de ses spores, de nombreuses et charmantes variétés (voir ci-après, pl. 68).

Elle forme, par la disposition de ses frondes, de vastes corbeilles évasées d'un grand effet.

Cette fougère croît non-seulement dans toute l'Europe, mais dans la Russie d'Asie, sur les flancs de l'Altaï, de l'Himalaya, du Kumaon, à travers le Népaul jusqu'à Attam, dans plusieurs parties de l'Inde, dans le nord de l'Afrique, à Madère, en Amérique, dans le Mexique, le Guatemala, la Nouvelle-Grenade, le Brésil, le Pérou, etc.

SYNONYMIE.

Lastrea filix-mas	Presl. Babington. Sowerby. Moore. Newman.	
— *erosa*	Deakin.	La variété *incisum.*
— *affinis*	Moore.	
— *paleacea*	Moore.	La variété *paleaceum.*
— *patentissima*	Presl.	
Polystichum filix-mas	Roth. De Candolle.	
— *affine*	Ledebour. La variété *incisum.*	
Polypodium filix-mas	Linn. Bolton.	
— *nemorale*	Salisbury.	
— *heleopteris*	Borkausen. La variété *incisum.*	
Dryopteris filix-mas	Schott. Newman.	
— *affinis*	Newman. La variété *incisum.*	
— *Borreri*	Newman. La variété *paleaceum.*	
Lophodium filix-mas	Newman.	
— *erosum*	Newman. La variété *incisum.*	
Aspidium nemorale	Gray.	
— *depastum*	Schkuhr.	La variété *incisum.*
— *affine*	Fischer et Meyer.	
Aspidium paleaceum	Don.	La variété *paleaceum.*
— *patentissimum*	Wallich.	
— *Donianum*	Sprengel.	
— *Wallichianum*	Sprengel.	
Nephrodium affine	Lowe.	
Dichasium patentissimum	Braun. Fée.	

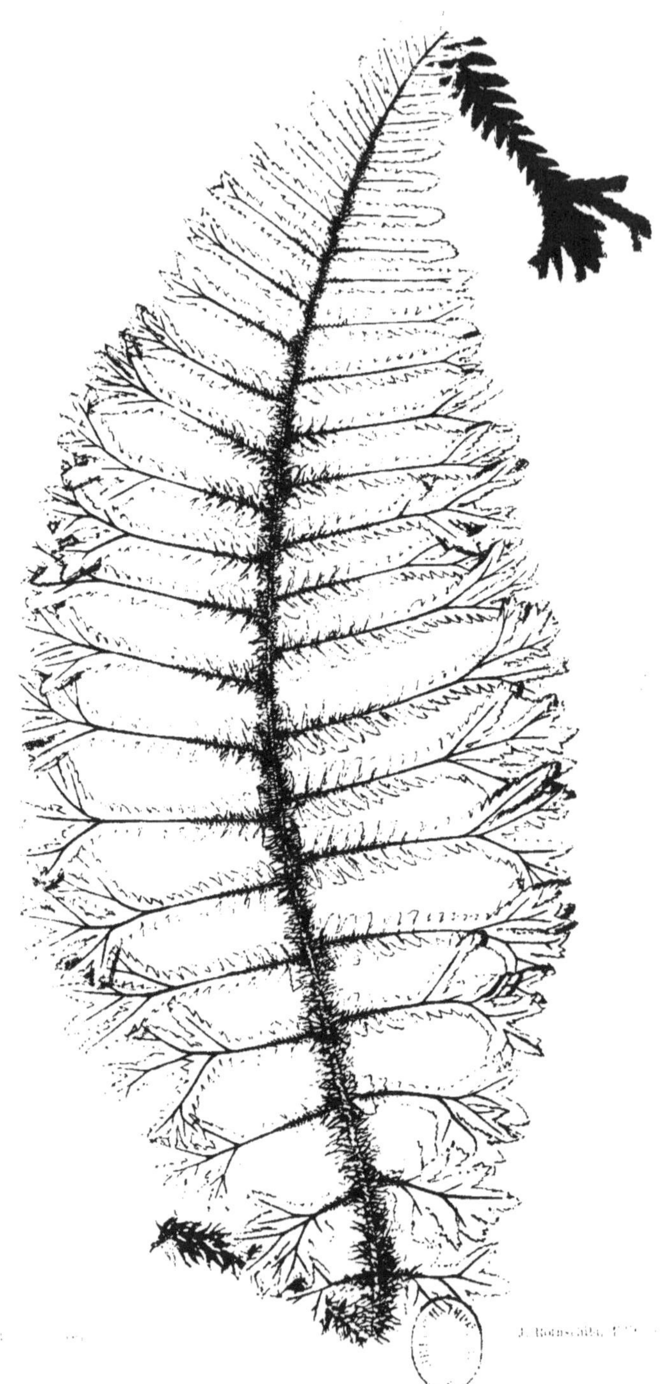

ASPIDIUM FILIX-MAS *Swartz*. Variété CRISTATUM.

(Pl. 68.)

Cette curieuse et *jolie monstruosité* n'est qu'une variété de l'espèce précédente.

L'*Aspidium Filix-Mas* compte en effet de nombreuses variétés : les catalogues anglais en énumèrent quatorze, toutes plus singulières les unes que les autres; telles sont les *A.* (*Lastrea*) *paleaceum*, *multifidum*, *cristatum* (celle dont il s'agit), *proliferum*, *dichotomum*, *incisum*, *erosum*, *deorso-lobatum*, *productum*, *triangulare*, *polydactylum*, *abbreviatum*, *pumilum*, *subintegrum*. Toutes paraissent avoir été trouvées à l'état spontané, tant en Angleterre qu'en Écosse et en Irlande, et leur description ici ne nous semble pas nécessaire. Il est également probable que le type a dû produire d'autres variétés dans ses diverses contrées natales, soit à l'état de nature, soit par le semis de ses spores chez les horticulteurs.

La variété *cristatum* diffère du type par des pennes plus courtes, plus promptement atténuées au sommet, et par des pennules plus étroites, qui toutes, ainsi que la penne, sont dilatées et lobées plus ou moins profondément en forme de crête, d'où son nom spécifique. Les squames du rachis sont plus nombreuses.

Elle se trouve en Angleterre, dans la Cornouailles, les comtés de Stafford et de Devon.

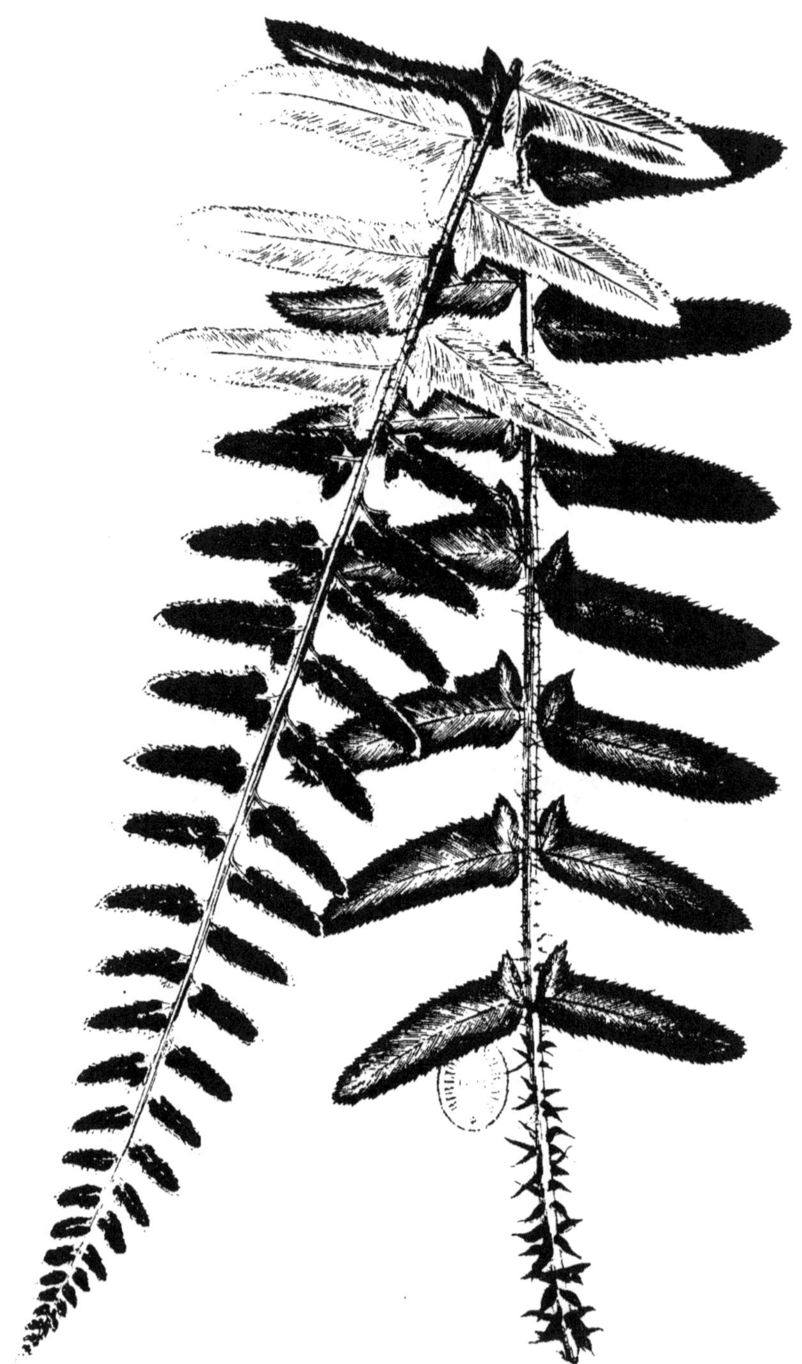

Les Fougères. J. Rothschild, Editeur.

LXIX

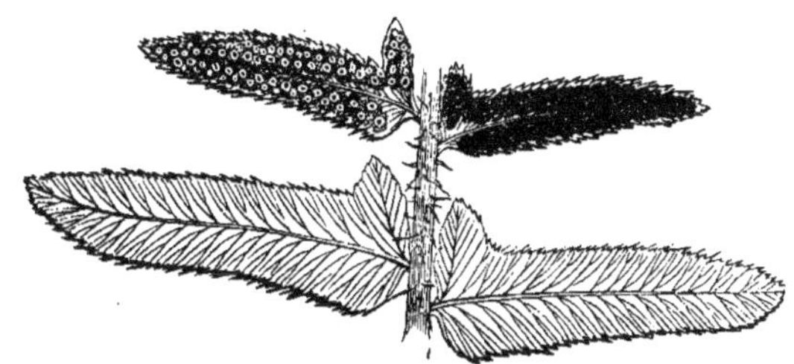

Portion de fronde.

ASPIDIUM ACROSTICHOIDES *Swartz.*

(Pl. 69.)

Frondes oblongues-lancéolées, acuminées, simplici-pennées, hautes d'environ 0^m,60-65, d'un vert sombre, fertiles seulement dans la partie supérieure, où elles se retrécissent sensiblement.

Pennules inférieures un peu défléchies; les supérieures (fertiles) au contraire un peu relevées; toutes oblongues, plutôt obtuses qu'aiguës, subsessiles : bords de la base, l'inférieur arrondi, le supérieur prolongé en une oreillette très-aiguë; bords latéraux ciliés, finement denticulés en scie.

Rachis couverts de poils squamiformes; rhizome cespiteux; veines ramifiées.

Sores très-nombreux, rapprochés, bientôt subconfluents et couvrant la face inférieure des pennules du sommet de la fronde.

Espèce fort belle et très-distincte, spontanée dans l'Amérique du Nord, et recherchée avec raison dans les jardins.

SYNONYMIE.

Polystichum acrostichoides.	SCHOTT. MOORE et HOULSTON. SWARTZ. SCHKUHR. SMITH. WILLDENOW. LINK. PRESL.
Aspidium auriculatum.	SCHKUHR.
Nephrodium acrostichoides	MICHAUX.

Les Fougères — J. Rothschild, Éditeur.

LXX

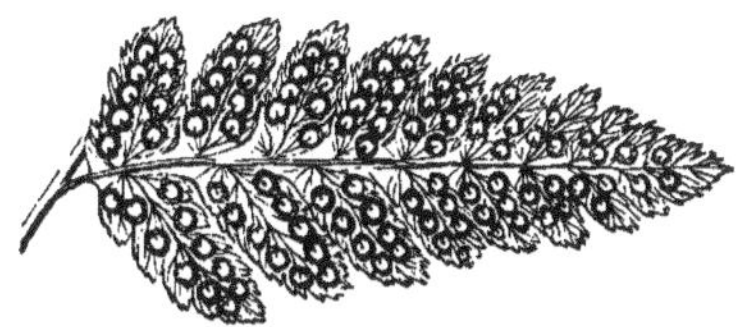

Portion de fronde, vue en dessous.

ASPIDIUM CRISTATUM *Swartz.*

(Pl. 70.)

Frondes pennées, oblongues-aiguës, atténuées au sommet, mesurant de 0^m,30 à 1^m de hauteur. Pennules très-brièvement pétiolulées, très-profondément incisées-pennatifides, presque pennulinées, triangulaires-allongées, atténuées au sommet; pennulines, ou plutôt segments, ovés-oblongs, presque obtus, décurrents, lobulés-incisés-denticulés sur les deux bords, fertiles seulement dans les deux tiers supérieurs des frondes. Veines fourchues.

Sores nombreux, arrondis, gros, apparents, placés de chaque côté de la nervure médiane.

Indusies réniformes, planes, membranacées.

Espèce propre à l'Europe et à l'Amérique septentrionale; elle se plaît dans les terrains marécageux, tourbeux, et en Angleterre surtout elle prospère dans de telles stations, au milieu des jardins, où sa beauté l'a fait introduire.

SYNONYMIE.

Aspidium cristatum var. *callipteris.*	Pursh.
Aspidium Goldieanum.	Dans plusieurs jardins (non Hooker et Greville).

Aspidium Lancastriense.	SPRENGEL. SCHKUHR. WILLDENOW.	
Lastrea cristata.	PRESL. DEAKIN. MOORE. BABINGTON. NEWMAN. SOWERBY.	
— *callipteris*	NEWMAN.	
Polypodium cristatum.	LINN.	
— *callipteris*.	EHRHART.	
Nephrodium cristatum	MICHAUX.	
Polystichum cristatum.	ROTH.	
— *callipteris*	DE CANDOLLE.	
Lophodium callipteris.	NEWMAN.	
Dryopteris cristata	GRAY.	
Lastrea cristata, var. *uliginosa* . .	MOORE. BABINGTON.	La variété *uliginosum*.
Lastrea uliginosa	NEWMAN.	
Aspidium spinulosum.	HOOKER et ARNOTT.	
— — var. *uliginosum*	BRAUN.	
Lophodium uliginosum	NEWMAN.	

Les Fougères. J. [illegible] Éditeur.

[illegible]

LXXI

Portion de fronde, vue en dessus.

ASPIDIUM LONCHITIS *Swartz.*

(Pl. 71.)

Frondes simplici-pennées, étroitement oblongues, atténuées-aiguës, rigides, variant en hauteur de 0m,15 à 0m,60, et plus ordinairement de 0m,30 à 0m,40, d'un vert foncé en dessus; rachis couverts d'écailles serrées, paléacées, brunes. Pennules lancéolées-falciformes (ascendantes), aiguës, spinescentes-denticulées sur les deux bords, qui sont très-rapprochés, imbriqués (le bord supérieur recouvrant en partie l'inférieur), et dilatés-aigus à la base; ces pennules sont hérissées en dessous de nombreuses petites squames et fertiles seulement sur la moitié supérieure des frondes.

Sores grands, circulaires, contigus, bruns, occupant souvent jusqu'à la base les deux côtés des pennules. Indusies arrondies, membranacées.

On en cite deux variétés, dont l'une, fort intéressante sous le double rapport botanique (physiologique) et horticultural, est l'*Aspidium lonchitis proliferum*, qui porte dans l'aisselle des pennules inférieures (infertiles) de petits bulbilles, pouvant propager la mère plante.

Elle habite, comme plusieurs des congénères dont nous avons parlé précédemment, une aire immense : toute l'Europe septentrionale, centrale, méridionale, etc. ; la Russie, d'Asie et le Kamtschatka.

SYNONYMIE.

Aspidium asperum	GRAY.
Polystichum lonchitis	ROTH. DEAKIN. BABINGTON SOWERBY. NEWMAN. MOORE. PRESL. FÉE.
Polypodium lonchitis	LINN. J. E. SMITH. BOLTON.

Les Fougères | J. Rothschild Editeur.

LXXII

Portion de fronde, vue en dessous.

ASPIDIUM ANGULARE *Kitaibel.*

(Pl. 72.)

Frondes bi-pennées, lancéolées, acuminées, hautes de $0^m,60$ à $1^m,50$ sur un diamètre (au milieu) de $0^m,18$ à $0^m,27$, disposées en couronne évasée sur le rhizome, et d'un vert brillant en dessus. Pennules rapprochées, linéaires-oblongues, subacuminées, sessiles. Pennulines très-brièvement pétiolulées, sessiles, ovées-subfalciformes; la basilaire supérieure plus longue, formant oreillette; toutes dentées sur les bords et couvertes en dessous d'écailles filiformes.

Veines bi-tri-ramifiées.

Rachis proéminents, légèrement canaliculés en dessus, arrondis en dessous et couverts de squames piliformes.

Sores nombreux, petits, circulaires, placés sur les pennules des deux tiers supérieurs des frondes. Indusies membranacées.

Cette belle espèce occupe, comme les précédentes, un immense habitat: toute l'Europe, depuis la Norwége et la Suède jusque dans le sud, l'Espagne, l'Italie, la Grèce; les bords de la mer Noire; l'Asie, l'Inde, Madère, les Canaries, l'Afrique méditerranéenne, le Natal, les États-Unis, le Mexique, le Guatimala, la Nouvelle-Grenade, etc.

On cite, de cette espèce, près d'une trentaine de variétés.

SYNONYMIE.

Polystichum angulare . . . . Presl. Sowerby. Moore. Fée. Deakin. Babington. Newman.
— *aculeatum* . . . . . . Gray. Fée.
— *Braunii* . . . . Fée.
Aspidium aculeatum . . . . Kunze. Smith. Doll.
— *Braunii*. . . . . Spenner.
— *hastulatum*. . . . . . . Tenore.
Polypodium setiferum. . . . . . . Forskal.
— *appendiculatum*. . . . Hoffmann (non Swartz).
— *angulare* . . . . Fries.
— *aculeatum* . . . . . . Hudson.
Hypopeltis lobulata . . . . Bory.

Les Fougères. J. Rothschild, Editeur.

ASPIDIUM ANGULARE.—V. TRIPINNATUM.

LXXIII

Portion de fronde, vue en dessous.

ASPIDIUM ANGULARE *Kit.* Variété TRIPINNATUM,

(Pl. 73.)

Les caractères de cette jolie plante sont bien distincts des variétés voisines. Elle a reçu le nom significatif de tri-pennée (*tripinnatum*), en opposition avec celui de *subtripinnatum*, qui n'offre pas des pennules antérieures aussi distinctes à la base. Toutefois, on trouve des formes plus divisées encore : la variété *proliferum* et l'*Aspidium decompositum*, qui croît en Irlande, en sont la preuve.

Une particularité remarquable de l'*Aspidium tripinnatum* réside dans l'allongement inusité de ces pennules dont nous parlons, et dans leur double division qui laisse distinctes d'autres petites dents qu'on pourrait appeler des *pinnellules*. Les autres sections, en se rapprochant du sommet, sont plus largement développées et imbriquées, et se distinguent nettement de celles de la base.

Les sores qui couvrent le dessous des frondes sont innombrables ; des écailles subulées en garnissent le rachis.

Un autre caractère constant est que les divisions des frondes font avec l'axe principal un angle droit.

Au total, cette forme est très-distincte en même temps que des plus gracieuses. Elle a sa place marquée dans tous les jardins, où elle est parfaitement rustique.

Elle a été découverte dans le Cornwall par M. Millet.

J. Rothschild, Éditeur.

LXXIV

CYSTOPTERIS *Desvaux.*

Etym. — Du grec *Kystis* vessie, et *pteris* fougère. Allusion à la forme renflée des indusies.

Caractères génériques. — *Sores* médians recouverts d'une indusie fixée par sa large base. *Veines* simples ou fourchues, ou pennées; *veinules* libres. *Frondes* très-divisées, caduques en hiver. *Rhizome* cespiteux, décombant ou rampant.

Portion de fronde fertile, vue en dessous

CYSTOPTERIS BULBIFERA *Bernhardi.*

(Pl. 74.)

Frondes bi-pennées, lancéolées-acuminées, hautes de 0m,30 à 0m,60, d'un vert-pâle, passant souvent au brun, et portées sur un rhizome crépu.

Pennules ovées-oblongues, acuminées, alternes, très-profondément pennatifides; les inférieures brièvement pétiolées, les supérieures sessiles. Pennulines ou segments à peine pétiolulées, presque sessiles, ovées-lancéolées ou oblongues, atténuées-subaiguës au sommet, fortement dentées sur les bords. Veines fourchues; sores orbiculaires, petits, médians; indusies fixées par leur large base. Rachis rougeâtres.

Le nom spécifique fait allusion aux bulbilles que portent les pennules sous la face inférieure, lesquelles s'en détachent facilement et servent à la propagation de la plante aussi bien et plus vite que le semis de ses spores.

Patrie : Amérique septentrionale, États-Unis, Kentucky, Virginie, Canada, etc.

SYNONYMIE.

Aspidium bulbiferum	. . . .	SWARTZ. SCHKUHR. WILLDENOW.
Polypodium —	. . . .	LINN.
Nephrodium —	. . . .	MICHAUX.

POLYPODIUM VULGARE *Linn.* Var. CRISTATUM.

(Voy. la pl. 45.)

ÉTYM. et CARACTÈRES GÉNÉRIQUES. — Voy. ci-dessus, page 127.

Nulle fougère peut-être n'a autant varié ou *joué*, comme disent les horticulteurs, que le *P. vulgare*, mais toutes les formes qui en dérivent méritent, sous tous les rapports, d'être introduites dans les jardins. Il croît à profusion sur la lisière des bois, dans les ravins, les fossés, sur les rochers, dans les décombres, les crevasses des murailles, des ponts, etc., et surtout sur les vieux murs. Cette espèce est remarquable par ses sores d'un jaune safrané.

La variété en question est aussi curieuse qu'élégante : chaque pennule, comme chez l'*Aspidium filix-mas*, décrit et figuré ci-dessus (Pl. LXVII), est au sommet dilaté, divisé et forme une véritable crête; ses frondes en outre se bifurquent à l'extrémité, et chaque division est ordinairement pennée elle-même ou semi-pennée. Ses sores sont aussi très-nombreux, brillants. Répandu par toute l'Europe.

Les Fougères. J. Rothschild, Editeur.

LXXV

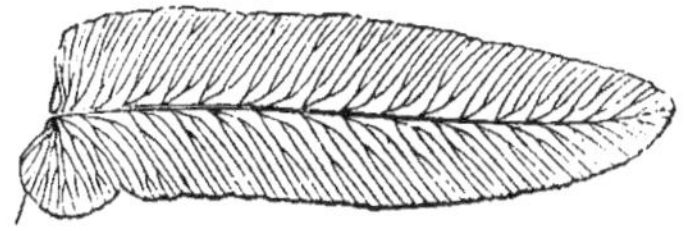

Portion de fronde.

OSMUNDA REGALIS *Linn.*

(Pl. 75.)

Étym. et Caractères génériques. Voy. ci-dessus, page 221.

La fougère royale, la fougère fleurie! noms privilégiés que nos habitants de la campagne ont accordés, dans leur empressement à témoigner leur admiration, à la plus belle de nos fougères françaises.

En effet, aucune espèce du genre ne peut rivaliser avec elle dans nos climats. A l'aspect noble, vraiment royal de son port, à l'ampleur et à l'élégance de son feuillage robuste, s'ajoutent ces épis d'un brun mordoré qui semblent couronner la plante d'une aigrette de fleurs. Dans nos marais tourbeux où croît l'Osmonde, elle trône sur tout son entourage, et comme si elle avait l'orgueil légitime de sa beauté, on la voit fréquemment sortir d'une touffe élevée de *sphagnum* qui lui fait une sorte de piédestal.

D'un rhizome cespiteux et épais, partent plusieurs frondes disposées en touffe. Les unes sont stériles, les autres fertiles. La hauteur totale de la plante varie entre $0^{m},60$ et $1^{m},50$, et nous en avons reçu l'an dernier, des Pyrénées, dont les frondes dépassaient deux mètres.

Ces frondes sont très-amples, bi-pennées, à rachis lisse, et à pennules bordées d'une sorte de membrane, arquées et terminées en un bec étroit au niveau de leur insertion. Ces pennules sont peu nombreuses et presque opposées, larges, oblongues, lancéolées, pétiolulées, entières, obliquement tronquées et pourvues d'oreillettes; des nervures plusieurs fois bifurquées et transparentes les parcourent.

Ce qu'on nommerait l'inflorescence, c'est-à-dire l'ensemble des segments fructifères, forme une panicule forte, terminale, dont les divisions presque cylindriques et réduites à la rafle seule, sont entièrement recouvertes par les sporanges qui forment des séries de groupes arrondis.

C'est en juin-septembre que se montre cette curieuse et belle fructification, et vraiment alors la plante devient un ornement de premier ordre. Elle prend une teinte vert-clair, pure, uniforme, qui se détache nettement sur tous les alentours, et, dans les endroits marécageux de nos contrées où on la rencontre, c'est toujours une trouvaille pour le botaniste et l'horticulteur.

TABLE DES SYNONYMES.

TABLE DES GENRES.

Les chiffres désignent la page où se trouvent l'*étymologie* et les *caractères*.

TABLE DES GRAVURES.

Les chiffres en caractère *romain* désignent les planches ; ceux en caractère *arabe* lès pages où se trouvent les descriptions.

FOUGÈRES DE SERRE CHAUDE.

FOUGÈRES DE SERRE TEMPÉRÉE.

FOUGÈRES DE PLEIN AIR.

TABLE DES MATIÈRES.

9140. — Imprimerie générale de Ch. Lahure, rue de Fleurus, 9, à Paris.

www.ingramcontent.com/pod-product-compliance
Lightning Source LLC
LaVergne TN
LVHW010126230826
846091LV00001BA/156
* 9 7 8 2 3 2 9 4 5 5 9 3 8 *